三圣小庙◎著

酒畔文谭

——你熟悉却又陌生的酒

JIU PAN WEN TAN JI SHANG SUE YOU MING SHENG

安徽师范大学出版社

·芜湖·

责任编辑:潘　安
特约编辑:刘　亳
书名题字:刘子彬
装帧设计:陈　爽
责任印制:郭行洲

图书在版编目(CIP)数据

　酒畔文谭:你熟悉却又陌生的酒 / 三圣小庙著.—芜湖:安徽师范大学出版社,2015.2(2025.1重印)
　ISBN 978-7-5676-1926-5

　Ⅰ.①酒… Ⅱ.①三… Ⅲ.①白酒—文化—中国 Ⅳ.①TS971

　中国版本图书馆 CIP 数据核字(2015)第 035118 号

JIU PAN WEN TAN NI SHUXI QUE YOU MOSHENG DE JIU

酒畔文谭——你熟悉却又陌生的酒

三圣小庙　著

出版发行:安徽师范大学出版社
　　　　芜湖市九华南路 189 号安徽师范大学花津校区　邮政编码:241002
网　　址:http://www.ahnupress.com/
发 行 部:0553-3883578 5910327 5910310(传真)　E-mail:asdcbsfxb@126.com
印　　刷:阳谷毕升印务有限公司
版　　次:2015 年 2 月第 1 版
印　　次:2025 年 1 月第 2 次印刷
规　　格:710 mm×1000 mm　1/16
印　　张:12.25
字　　数:180 千
书　　号:ISBN 978-7-5676-1926-5
定　　价:50.00 元

目 录
CONTENTS

序
这是一本什么样的书

这是一本什么样的书呢？

真的很难归类与定义，这倒不是出于写作者取巧偷懒的借口，或者是假模假式的故弄玄虚。

根本的理由是这本书"不伦不类"。

对简化与模式的寻找是人类的本能，我们借此以迅速认识这个世界。凡不能简化、归类定义的东西，总会让人不舒服。

让人不舒服，不是一件好事，通常情况下，人们会本能竖起自己身上的假想之矛，或者身上的尖刺，让旁逸斜出者伤痕累累，乃至鲜血淋淋，聪明者不为。

如此说来，作者小庙好像不聪明。

作为本书的特约编辑，可以告诉读者、酒徒的是：

这本书不是工具词典，你若从中查寻关于酒的严谨规范的阐述与注释，它还真担不起这个责任。

这本书不是酒企内部人的揭秘之作，酒企操作的种种手筋，代理商等而下之的角力，倒也是寻常见闻。小庙得地利之便，有心观察揣摩，搜集整理，诉诸文字而已。

这本书更不是通常意义上的文学作品，虽有故事，但没有跌宕起伏的情节，也少有人物的性格冲突，更少有虚构。充其量也只能算是茶余饭后的故事，聊供酒友一乐。

这是一本什么样的书呢？

它只能算是一个酒徒与酒徒促膝闲聊，抑或是酒徒的自说自话。自说自话有自说自话的愉快，有时可以全然不顾听者的缺席，判若美酒般醉人。

我终于未能免俗，落入窠臼：不伦不类，也是一类——有狡辩之嫌，也顾不得那么多了。

　　酒，普遍存在于世界各地，不少民族就地取材，都会酿造出不同色泽、不同口味的称为酒的东西。它源于生活，又高于生活。

　　它诗意地栖息在这个地球上，是天地的恩赐。

　　它几与造物主相比肩。说它美妙香醇，多少伟大的音乐、美术、文学作品都有它参与的身影；说它蛊惑人心、败坏德性，多少俊杰最终沉溺其中不能自拔，让人生不能圆满。若以例证法来证明，正反双方都可以找到千百个案例。

　　显而易见，小庙认同的是随性而又节制的饮酒，珍惜自在自适的生活状态，陶陶然醉于朋友间的往来，去心机、无贵贱。书中的故事，多是身边友人、街坊邻里，或亲见亲闻。小庙说，一涉虚构，便觉生涩，面目可憎，写来索然寡味，心生抗拒。我笑他可惜了，仅止步于写写故事。

　　他亦回我老酒一杯，似拈花，有深味。

　　本书为寻求酿酒知识的读者设置了词条查寻；

　　为不喜枯燥乏味的读者于每节后设置了故事，编者用意可比小孩吃药后赏一颗糖来甜甜嘴——这比喻也不讨巧，有轻看读者之嫌，可算作把柄。

　　当然，书一出笼，自是读者为尊为大，如何阅读，犯得着请来作者编者喋喋不休吗？

　　正读倒读，悉尊自便，若高兴了，撕下来一页一页读，亦无不可。

卷 首 语

2014年2月2日,农历正月初三。

小庙网上游目,见有酒徒问酒,观其言,于酒误会颇多。感传统白酒渐远,今夕居然穷途,思来不胜唏嘘。皖北小城本酒乡,小庙亦是爱酒人,于酒之种种有所闻,亦有所见。逞一时之勇,写下《酒畔文潭——你熟悉却又陌生的酒》,以酒会友,静待高山。

小庙酒徒尔,撰文实非擅长。野语村言皆无章法,言不及义也是常有。想到哪说到哪,顺其自然,就像醉后躺在小筏子上,随波逐流,任风带着我走……

第 一 章

好酒何处寻

小庙从这里扬帆启程，在迷雾
中追溯寻觅：传统白酒在哪里？

我的快乐很廉价

余好饮而不善饮，喜欢喝但酒量小。自嘲我的快乐很廉价，别人一斤酒才能得到的幸福和满足，我一两酒就得到了，快乐的成本很低。

酒的魅力其实不仅在醉后，入口的一刹那愉悦体验就已经展开，好比抽烟的美妙不是抽完后的口苦喉干，而是吐纳风云的过程。因此酒量小，享受愉悦的过程就短了，算是美中不足。

好喝酒又怕醉了出丑，就给自己定了个规矩，三人以上不喝酒。每遇酒宴常托辞东坡先生的诗句"我本畏酒人，临觞未尝诉"，苏先生也是酒量极小却酒瘾极大，算是同道中人。久而久之，除了几位极要好的，社会上的朋友都以为我真的不喝酒。

当年小登科摆宴，心里高兴想给大家敬杯酒，还没举起来就被几位夺下了杯子，满满的都是呵护："虽然今天你结婚但也不让你喝酒"，可是诸位，殊不知余好饮而不善饮矣。

好饮之人自然爱酒。晚上看电视，爱看白酒的广告。看见喝过的，就下意识地回味那个味道，嘴巴里啧声连连；看见没喝过就很好奇，这酒应该是个什么味呢？转身就要数数口袋里还有几块钱，盘算盘算是否要买瓶尝一尝。偶尔逛逛超市，走到白酒货架旁也总要站一会，逐一看看各种酒，这个酒是怎么回事，那个酒又是怎么回事。看的日子久了，就看伤了心。

能喝的，真的喝不起，动辄好几百，甚至上千。可就算这么高的价格，有的可能也是金玉其外败絮其中。按说几百上千一瓶酒，怎么也该给点好酒了吧，毕竟酒水的成本那么低，可现实当中全不是那么回事。有的白酒打眼一瞅就知道纯粹是在黑着心牟利，哪里是在卖酒呢，分明就是在耍流氓！

遇见流氓酒，我就爱较真，心里面给他算账。一斤固态发酵的原酒，算起来最好的也不过30块，高白料酒瓶估到天价一个超不过5块，三氧化铝瓶盖一个3块，木制酒盒算20块，标贴、大箱等等附属物再加10块，这还不到70块，利润已经是五六倍甚至八九倍，但就是不给装上好酒，卖得再贵都不给！

好酒的六个条件

说到好酒,何为好酒呢?

若仅评价口感还真的没法描述。假如形容一幅画,可以讲它的构图、色彩等,大家一看就有画面感。而描述味觉的词汇太少了,什么入口绵,入口柔,回味悠久,等等,很是虚无,难以让观者有体会,好酒那些微小的味觉变化很难表达,只能借张孝祥的那一句来概括:悠然心会,妙处难与君说。

好酒不光是好喝,味觉以外,还有几个硬性的标准必须兼备,这倒是可以列举。那么暂且把味觉搁置一旁,来谈谈好酒应该符合的几个条件。

一、由入口到沉醉,整个过程不觉得苦。

二、心不慌,口不干。

三、醒酒快,不上头。

四、酒醒以后精神抖擞。

五、口无酒臭,却有微甜在胸口泛来泛去。

六、第二天拿起空杯一闻,嗬!昨夜浓香未散,还想喝。

以上种种缺一不可。这些条件都符合了,不管口感如何,我觉得都可以称之为好酒。而固态发酵的传统白酒,窖存个两三年,基本就能符合以上条件。

想必看到此处会有人持疑,酒喝多了怎么会不上头呢?庄子说:朝菌不知晦朔,蟪蛄不知春秋。持疑也正常,这其实不怪你,因为传统白酒离开我们太久了,你连她的背影也许不曾看到。

传统白酒用通俗点的说法就是原酒,这个词经常被酒徒念叨,但对"原酒"的认识却很模糊。原酒是俚语,意思是指传统白酒。传统白酒用术语表达为"纯粮固态发酵白酒",这个说法看上去很简单,可常被误会,有时也被故意曲解。

酒徒习惯性地以为原酒与勾兑酒的区别在原料上,以为勾兑酒不是粮食酿造的，只有原酒是纯粮酿造，所以纯粮酒就是原酒，例如有人卖酒，说自己是纯粮酒，酒徒看到就以为是传统白酒了。

事实上酒与酒精的不同是在工艺，而非仅在原料上。传统白酒、新工艺白酒(勾兑酒)、食用酒精都是用粮食酿造的。小麦是粮食吧？高粱是粮食吧？玉米、土豆、红薯哪一种不是粮食呢？连麸皮都能算粮食。

所以就算他卖给你的是食用酒精，用纯粮二字也没错，酒徒误解了怪不着他。他用这两个字就是希望你误解，误解得越深越好。

但我们在这里所说的"原酒"，只是指传统白酒，即"纯粮固态发酵白酒"，如果再较真一点，可以表达为"纯谷物固态发酵白酒"。

酒 徒 可 欺

现在的酒厂很多并不产原酒，就算产点，量也很少。大家应该有所耳闻，某酒类上市企业出现过乌龙事件。第一梯队的著名酒厂尚且如此，酒行业可见一斑。

这也不奇怪，名牌酒企销量那么大，外购些酒当原料也是正常。但外购要看购的是什么，购的都是食用酒精，你再怎么辩解也没用。

原酒，如今也不纯粹。各行各业都充斥着无耻的贪婪，唯利是图并且不择手段。原酒如今也不"原"，且不说为了提高效益，把发酵时间压缩到极限，同时各种投机取巧也层出不穷，例如最常用的"窜香"原酒，就足以令人瞠目结舌。

"窜香"不同于"串香"。窜香是个贬义词，在酒典里没有这个词，这是对弄虚作假手法的调侃。这个手段是当酒醅放到甑里后，大桶大桶把劣质酒精倒进去和酒醅一起蒸馏。酒精和酒醅一起蒸出来"原"酒，在产量增加的同时酒精度仍然挺高，并且检验不出来。

酒醅是指已完成发酵预备蒸馏取酒的粮食。用酒精和酒醅一起蒸馏原本也可以，这还是被行业所提倡的"串香"工艺呢（细说起来也是泪）。但"串"要守"串"的章法，"串"过了头，"串"得没有底线，就得用"窜"这字眼了，借以表达一种蔑视：鼠辈！

有些窜香掺假很隐蔽。窖池里发酵好的酒醅，蒸酒以前用竹竿捅个洞，捅到窖池的底部，然后把酒精倒进去。这样酒精就能均匀浸透到酒醅当中，和前面直接在锅里倒酒精比起来有点麻烦，但这个好处是更隐蔽，哪怕你当面看着蒸酒都观察不出来。

曾有酒徒不远千里来小城寻酒，找了一家窖池，现场盯着把酒蒸了出来，原以为这次万无一失，欢天喜地回去了。后来他对我说，这个窖池真不错，"压池子酒"出了 800 斤。我把到嘴边的话又咽了回去：真是被人卖了还帮着人家数钱呢。

这里面有两个问题显而易见。第一，十一月份的时候，中秋节过去都几个月了，怎么可能还会有压池子酒等着你。除非是你大冷天的找人家要压池子酒，卖家一看，这都立冬了还在找这个，明显是外行啊。好吧，你要压池子酒是吗，正好我有！

第二，就算正常发酵时期的酒，一个池子也出不了 800 斤。窖池正常投料是 1800 斤粮食，老话说"三斤粮食一斤酒"，算法很简单，出酒不过 600 斤。而压池子酒经过一个夏天，出酒率要低得多，500 斤左右就不错了，怎么算也没有 800 斤等着你。

那会不会人家窖池大投的料多呢？就算有吧，我只能这样安慰他。而事实上，窖池容积有定规，虽说容积越小酿的酒越好，但也没有特别小的窖池，自然更不会有特别大的窖池。

好池出好酒

窖池于酿酒很关键，好池出好酒，窖池是酿酒的基础，而窖池里的窖泥则直接决定酒质好坏。窖泥里含有以细菌为主的多种酵原，这些酵原活动范围就在酒醅和窖池的接触面，通过一系列生化过程，产生香味物质，这也意味着，靠着窖池边壁和底部的酒醅蒸出来的酒品质最好。

在一个窖池中，最后一甑取出的是窖池底部的酒醅，行话把这一甑叫"池底"，香味特别浓郁，就是因为酒醅和窖泥接触得最紧密，发酵得最充分。池底酒也有外行人闻着像是臭味，但酒徒偏偏就爱这个臭，越是臭今后也就越香。

在建窖池时，为了最大限度地增加酒醅和窖泥的接触面，对容积有很精确的测算，容积越小酒醅和窖泥的接触面就越大，因此绝对没有压池子酒能出到 800 斤这样大容积的窖池，绝对没有。

建窖池的师傅们都有传承，一个好工匠建出的窖池，你找再高级的工程师比着做，弄出来也不如人家老师傅的好。

好在哪呢？

好在你压窖同样的粮食，同样的数量，同样的时间，但出池后蒸馏出来的酒就没人家多，酒精度就没人家高，口感就没人家醇。

传承，不能试图用科学来完全解释，只能叹服。

窖池：岁月的恩赐

但科学可以模仿传承，窖池如今也有人工老窖。传统窖池是用天然黄泥建成，自然培养发酵窖泥，一个池子要经过几十年甚至上百年，才能做出好酒来。

如今人工老窖虽有不足，可经过几十年来的实验，也确实有一套比较接近老窖的建窖办法。

窖池不是挖个坑就行，当然，也必须先要挖一个坑。这个坑上部稍大，底部稍小，要挖在厚度在三米左右的土壤上，并且要求土壤渗透性要低，最好是耕种熟化的黄褐土地。

然后在四壁用新鲜黄泥筑窖墙，接下来钉窖钉。窖钉是用竹子削成的竹钉，把它钉进窖墙里，用麻丝缠住钉子头连起来，这些做好了，就开始搭窖壁。

窖壁要从农田里找农作物生长旺盛的地方，取其熟表土，或者到农村找那些几十年的土房子拆了，用风化后的老房土。把符合条件的土按比例加入老窖的部分窖泥和窖皮泥，配上老窖黄水和大曲粉，发酵后用手团成泥土团，使劲朝窖墙上砸，砸出二十厘米的厚度再抹平了，窖池就算是完成了土建部分。

建好的新窖池并不能立即出酒，接下来是长达几年的养窖。建得再好的池子如果不会养，最终也是功亏一篑。而养窖没有固定章法，完全凭的是老师傅们的经验各显神通，这里面有玄机，小庙至今未曾探得其究竟。

原酒的简易验证之法

养好的池子一般一次出酒 500 斤到 600 斤,分五甑蒸出。"甑",通俗点理解就是蒸锅,不过这个蒸锅有点不同,它专为传统白酒而生,放眼世界是独一份,自白酒问世千年以来沿用至今。如今常用的甑上口 2 米,底口 1.8 米,高度 1 米左右,称之为锥台型蒸馏器。

把发酵好的酒醅装入甑中缓火蒸馏(控火有技巧,火若急了蒸出的酒口感发闷、放香不足)。一甑酒蒸出来,酒精度一般在 60 度左右,然后灌装起来放在恒温背阳处,搁置两年到三年,这就是传统意义上的"好酒"。

传统白酒蒸馏出的酒都在 60 多度,其中度数最高的酒也不会超过 73 度,这是工艺使然。如要再提高,除非改变传统工艺,若是像酒精那样用精馏法,90 多度也很正常。

自开始出酒时,酒精度不超过 73 度,其后随着酒液缓缓流出,酒精度会越来越低。为了保证酒的口味,要在某个阶段果断停止,但有时候断酒过早,会使整体的一甑酒度数过高,这时就要中和一下,称之为"破度",意思是把度数再降下来,降到标准酒度——60 度。

传统白酒破度有下限,下限就是 55 度,低到 55 度时,香味就淡了,酒味自然也就寡了。而再朝下,低于 50 度,甚至更低时,先不说味道如何了,起码这个酒浑浊不堪,像饺子汤似的。这是因为棕榈酸、油酸、亚油酸这三种高级脂肪酸乙酯难溶于水,因此原酒降到 50 度以下,非常混浊。食用酒精不含有这种酯类,它是用化工精馏塔把液体发酵的作物提纯,和水无限混溶。

有兴趣的酒友可以做个简单实验,向原酒里加纯净水,慢慢加,同时摇匀,原酒会逐渐变混浊;而勾兑酒就不一样,怎么加水都清澈,那就是因为缺少了原酒那样的酯类。原酒里的高级脂肪酸,会在漫长岁月里与醇结合为酯,使酒产生绝妙的变化。勾兑酒因为缺少这种物质,所以没有窖藏意义,窖藏多少年还是一个味。

之外,也可通过把酒放冰箱冷冻来验证原酒与勾兑酒的不同。原酒遇冷,其中的脂类会析出,先是蒙蒙的一层,十二小时后会凝结成絮状物在酒中漂浮。而勾兑酒,冻多久也看不到变化。

当然,也有把原酒破度到50度以下,并且仍能做到清如水晶,那多是使用了过滤器对原酒进行了过滤。但过滤不仅要借助一些化学手段,同时过滤本身也破坏酒的醇美。而破坏掉的那些醇美,最终还要用添加剂补回来。

可以概述一下,"破度"是朝原酒里面加水;而勾兑,是朝酒精里面加水。例如一款45度的酒,先加酒精稀释到40多度,然后加入少许原酒,再添加各种香料调制香味和口感,就是如今超市里常见的所谓美酒了。这样的美酒还算是不错的,多少还放了点原酒进去。而有的酒厂要流氓,不管酒卖什么价,原酒一滴都不给,全是酒精和香料。

谈到这里,完全可以大胆地推断:所有低于50度的白酒,肯定都是勾兑的。

也许会有人抬杠:就不能有50度以下纯粮固态发酵的酒吗?! 真较真起来,理论上当然有,但能轻易买到的,却绝无可能符合理论条件。蒸馏出的原酒酒精度都在60度左右,若经过长期的窖藏,让酒精自然挥发,只要有足够的时间,50度以下能达到。因此,假如窖藏仅仅是为了降低酒精度的话,是的,会有50度以下的原酒。但这样的酒不管好不好喝,即使是有,酒徒随随便便就能买到吗? 酒厂会轻易在市场上敞开了卖吗?!

何为"勾兑酒"

前面用了不少次"勾兑"这个词,勾兑酒是咱们通俗的叫法,这样的叫法不严谨,准确地说应该是"液态法白酒"。目前白酒可以这样分类:固态法、固液结合法、液态法(新工艺白酒)。

固态法传承千年,即固态配料、固态发酵和蒸馏的白酒,是传统之法,但自二十世纪五十年代开始,逐渐被固液结合法和液态法所取代。

液态法白酒是创新之法,采用的是酒精的生产方式,即液态配料、液态发酵和蒸馏的白酒。但这酒非常难喝,只有把它和固态法白酒结合起来才行,这两种酒的结合就叫"勾兑"。液态法白酒并不久远,其发展有迹可循。

按照熊子书先生的说法,新工艺白酒五十年的发展路线是从"酒精兑制白酒"到"酒精配制白酒",又到"酒精合成白酒",其后是"串香法白酒",最后是"调香法白酒"。

但这个说法过于细致,酒徒仅需要了解大概,不必细究。所以简而言之,液态法白酒的发展分为三个大阶段。

第一阶段为"固液结合发酵白酒",也叫串香白酒,是以液态发酵白酒或食用酒精为酒基,与固态发酵的香醅串蒸而制成的白酒。

串香原本是董酒的传统工艺,是用小曲酒放置于锅底加热,酒蒸汽经过固态发酵酒醅串蒸。1964 年,北京酿酒厂吸取董酒串香工艺的经验,将麸曲酒醅加少量大曲发酵后装甑,再将酒精放底锅进行再蒸馏。随后各地相继学习采用此法,俗称串香法。简单地说,就是在锅底倒上酒精直接蒸。这个办法的好处是:可以使被串蒸的固态酒醅的使用量减少一半以上,也就是出酒率高了,自然节省了成本。

第二阶段为"固液勾兑白酒",以液态法发酵的白酒或食用酒精为酒基,与部分固态法白酒的酒头、酒尾勾兑而成。这就是当年提出"液态法白酒先采取固液结合走勾、调、串的道路"的那个"勾"字。从此"勾兑"一词成为液态法白酒的代名词。

第三阶段为"调香白酒"，在二十世纪九十年代后出现，至今广为沿用，是以液态法发酵的白酒或食用酒精为酒基，加白酒调味液和食用香精调配而成。

到了调香白酒阶段出现了新术语"白酒调味液"，这是什么呢？我看这是酒徒的泪！小庙搜集过不少白酒调味液的配方，读来读去，不由得赞叹极个别中国人真"聪明"，但可惜只用在投机取巧上，就好比文武双全却偏偏去偷鸡摸狗，白白糟蹋了一身好本事。

概述几十年来白酒走过的路，其实就是"减少成本"之路，怎么减省怎么来。开始是"烟台操作法"的麸曲白酒，麸皮是麦子最外面的一层皮，磨成面粉后剩下的麸皮只能喂猪，但用来酿酒，自然节省不少粮食；后来发现串香更省，把酒精倒在锅底和酒醅一起蒸；再后来发明了勾兑法，这个办法更简单，用酒精和香精勾兑在一起，再加点固态酒就行了，不仅省粮食，还省煤省电。但前面几大招还是差强人意，因为或多或少都要用到固态酒，怎么才能更省呢？赶快再研发研发，这就又有了"调香"白酒，酒精加香精再加白酒调味液，全齐了。唉！

传统白酒的沉沦

虽然液态法白酒大行其道，可传统窖池大酒厂还是真有的，大牌子不是浪得虚名，真的有压箱底的好东西。一些中小酒厂窖池虽也有不少，你去考察也能看到，可那些窖池却多数另有其主。

这里面一环套一环，都有潜规则。例如一个酒厂的产品要想傍上传统工艺的旗号，首先要获得固态发酵的生产许可证，获得这个证的先决条件就是要有固态发酵的窖池。你如果连个窖池都没有，怎么好意思腆着脸说自己是传统工艺呢。

小酒厂虽有固态发酵的证，可真正生产的却是调香酒，原酒的用量其实并不多，那么窖池闲着也怪可惜，所以现在很多酒厂的窖池都是整体出租给酿原酒的。

承包窖池者是最接近传统白酒的那些人，这些从业者基本上以家庭为单位生产经营，因为酿原酒的技术含量不高，你招几个工人，干上两年就另立山头了，所以普遍规模小。虽然看上去原酒利润也有 2 到 3 倍，可一池子粮食压进去好几个月才能见到钱，所以周转慢，资金使用率低，总体效益不高。

酒厂生产调香酒就不一样了：今天有订单，明天装出来就能见到钱。或许单瓶利润率不如原酒，但周转快，资金使用率高，因此总体效益要好过做原酒。

原酒的销售障碍重重。例如运输的问题，酒是危险品，运输是很头疼的一件事。就算解决运输的障碍，一斤一斤地卖给消费者更是大问题，北京的原酒到上海卖，谁卖？假如超市卖，一旦一缸酒放在那里，谁能保证明天和今天的是一样的酒？万一武二郎晃着脑袋过来说"老板娘，你这酒里掺水了"，谁当那个蒋门神给人家打呢！

就算这些问题都解决了，也卖不出好价钱。酒徒早被养成了见到散酒就不出价的习惯，买瓶装酒时，虽然心里也烦恼，但一边骂着一边却接受两位数、三位数甚至四位数的价格,可一看到散酒,哪怕喝起来挺好,可说到买时就是不愿意出钱,普遍认为散酒就必须得是便宜货。散酒卖到两位数都算天价,一般都在个位数徘徊。所以散酒铺子里很多也只能卖勾兑酒,不然怎么赚钱呢。一斤酒卖不到三斤高粱的价,真给你纯粮固态发酵的酒,可能吗?

"散酒"是指散装酒,只要没有预先包装的都是散酒,可以是固态的,也可以是液态的,至于酒徒非要把散酒二字等同为传统白酒,那怪不了人家做生意的。"散酒"并且"纯粮",这说法谁也挑不出毛病,散装勾兑酒不是散酒吗?酒精不是纯粮的吗? 振振有词,酒徒奈何不得。

白酒的所有经营通路,都已被酒企占领,不管是瓶装还是散装,全有所谓的营销策略在里面。所以,真正的酿酒人与消费者之间根本无路可走。因此,原酒从业者财力和人力大都不尽如人意,生产出的原酒多数只能通过中间商卖给酒厂。之所以都要通过中间商,是因为酒厂采购原酒时,决定权在调酒师,企业主都很难在原酒采购方面做决定。要成功地把原酒卖给酒厂,这中间需要很多疏通,其中艰难大家都懂的,这也是原酒中间商能成为一个专门职业的原因。

调酒师是个很不一般的职业,有本事开创或掌握某种风格的技术,再走运遇到个好雇主,那么在酒的行业里就可以尽情徜徉了。有些调酒师年薪是天文数字,在企业可谓一言九鼎。越是酒卖得好,调酒师越是举足轻重,没有哪个酒厂敢轻易换调酒师冒产品品质出现不同的风险。

既然调酒师这么厉害,那有没有调酒师自己开酒厂的呢? 受视野所限,至今还没有看到过。原因很简单,假如你是一个永不会失业的调酒师,你会去自己开酒厂吗?! 有钱有闲的日子谁不珍惜呢? 走钢丝的生意场不是谁都能干,也不是谁都愿意干的。

继续说酿酒者。哪怕有些酿酒的实力大些,可单纯以酿造原酒为业也很难办下来生产许可证,在家挖个池子就想酿酒,门都没有。酿酒必须有证,可办证又谈何容易,所以从业者只能依附于有证有窖池的酒厂。酒厂最划算,窖池于酒厂如同鸡肋,原酒用量原本就少,若是自产的话,产生的资金成本、管理成本等等均摊下来比从别人那买原酒都贵,所以自己根本不产,不如把池子租出去还有钱赚。

传统白酒几十年来一直被边缘化,如今处在行业最下游、最低端,只能是小规模的生产,为酒厂做原料供应。

因为原酒是酒厂生产所需的原料的一种,于是很多酒徒以为酒厂的酒基(或者叫基酒)就是酒厂自酿或买来的原酒,这里也有误会。

前面介绍液态法时已经提到,酒基或者基酒的组成是液态法白酒或者食用酒精,就算有些酒厂是加入一定比例原酒预先勾兑,其中原酒的用量也是极少。原酒此时只是起到提味的作用,好比炒好了一盘菜,装盘时点上几滴香油。这几滴香油有人也想省去,但再好的勾兑也难以模拟原酒的口感,所以这几滴不可或缺,不然酒真的不好喝。

因此对那些宣传什么酒厂旁边有条河、院里有口井的说法,小庙斗胆说一句,都是打着传统白酒的旗帜,干着酒精加水的勾当。

酒徒也任性

多年以来,白酒的过度营销带给酒徒一个错误的观念,把酒的品质与价格画上等号。

价格越贵酒就越好的观念同时也暗示便宜的就不好,延展出来的歪理是:我们喝着酒精只能怪自己命不好、钱不够多,却不能怪抬高价格的没良心。

事实上我们可以找到哪种酒可以喝,却很难说哪个价位的酒能喝,酒的好坏如今和价格没有多少关系,因为一个自由定价的商品,其价格与品质早已背离。

可能会有酒徒以为,卖十块、二十块的酒,或许已经贴近成本,买这种酒起码商家占不了我多大便宜。这要看怎么理解成本的含义,假如这是一瓶固态发酵的酒,那么我们可以从固态发酵的生产过程来计算它的价格是否贴近成本。而现实是,现在市场上一两百块很难甚至可以说绝无可能买到一瓶固态发酵的传统白酒。

传统白酒,即是指"纯粮固态发酵白酒"。重申一遍,"纯粮"和"固态发酵"组合在一起时,才是小庙所言的传统白酒。如果只是纯粮,那还不够。因为别说液态酒,就连食用酒精也是纯粮的,固态法和液态法可以是同一种原料,区别在于酿造的方法不同。

固态法是相对于液态法而提出的,即固态配料、固态发酵和蒸馏。液态法则反之,是液态配料、液态发酵和蒸馏。

行业要求酒企在产品上注明,其产品是固态法还是液态法,但很少有企业执行。超市里逛逛看,没有几瓶标识了固态法或液态法,就算有个别标注了,可能也是噱头,欺我等酒徒对鉴别真假无能为力。

或许有酒徒以为,不就是一瓶酒嘛,管它固态、液态,大不了就喝这一次,不好喝以后不喝了。可是就算好喝的,也未必安全,很多调香酒,就是为了让酒徒喜欢其口味才过度使用添加剂。

　　过度使用添加剂危害有多大，真的不好说，只要没有当场喝死人，酒厂就不怕，因为没办法能证明后来的疾病和曾经喝过的酒存在因果关系。

　　印象中，二十世纪九十年代末，有个酒厂的酒把人眼睛喝瞎了，引起相关部门重视，抓了一批判了一批，事闹得挺大。而从那以后，再也没有听说过喝酒的与酒厂有啥纠纷。很奇怪不是吗？咱们社会上这不能吃那不能喝的偶有发生，但怎么就没有与酒厂打官司的呢。真的是没有吗？！

　　关键还是只要没有当场喝死，就不能证明酒与死亡之间存在因果关系。所以，你说酒厂怕啥呢。

　　而消费者呢？咱们首先在潜意识里认为酒是有益的，所以本能地忽略有害的假设。传统白酒有益身心，但酒精勾兑，过度使用添加剂，还有益可言吗？

　　为了辨别酒的好坏，曾经有个说法是，看酒挂杯的程度，挂杯好就是好酒。挂杯，这个名词不好解释，可有种添加剂就可解决挂杯的问题，哪怕一杯水，放了这种添加剂一样杯挂得让你满意。

　　还有说能凭口感辨别的，好酒孬酒一喝就知道。这话有点大，因为你能辨别的只是口味，却辨别不了品质。凭口感辨别最不靠谱，香料这种东西能调出你需要的任何口味，骗不过你这张嘴那还怎么混。要知道，很多好吃好喝的并不是你以为的原因才好吃好喝：蛋挞里一定有鸡蛋吗？奶油蛋糕里又有多少是真奶油呢？

　　如果有一天，白酒产品必须标明是否固态发酵，界定了这个标准，酒徒们只要在符合条件的酒里选择谁的更便宜，谁的更好喝，事就会变得简单了。

　　对挂羊头卖狗肉的奸商，若是允许可以乱刀将其砍死，相信超市里面很快就能清净。如果嫌乱刀砍死太残忍，也可以讲点人道主义。咱老百姓很善良，只要能把流氓们置于死地，允许选择温和些的手段。

　　那时候天就蓝了，水就清了。这个毒那个毒的都不见了，想想真痛快。

　　趁着抽根烟的机会点燃一根火柴，透过温暖的光亮，隐约看到，或许这一天真的会到来。

小城佐酒之卤兔

小城生活随遇而安,酒友聚饮也是兴之所至无所不为。有时饭后散步,沿着老街正溜达,拐角遇见两位逛过来,寒暄几句,便在街头撕半只"卤兔",随便朝哪个小摊上一坐就能喝上。

卤兔分野兔和家兔。野兔是指田野里的野生兔子。野兔讲究要秋天吃,秋天草木茂盛兔子正肥。每每秋收以后,会有农家携着专用的兔子枪,去田野里打兔子。兔子枪的枪管很长,有两米左右,火药里掺着几十粒直径一毫米的小钢珠,打出去子弹呈放射状,类似散弹枪。一发现有兔子,朝着兔子奔跑的方向就是一枪,子弹像团雾一样罩住了野兔的活动范围,那是百发百中。可打在野兔身上的小钢珠,卤煮时候难以清除,所以吃野兔必须手撕着吃,切忌猛咬一大口,不然小钢珠硌了牙,疼上个把星期也很正常。

家兔是指人工饲养的兔子。吃家兔讲究要"血脖",深究起来很残忍,但民间事实如此,这里也权且记下。兔子不能宰杀,要趁活着拧断脖子,这样的话血液会堆积在脖子处,卤煮以后能明显看出来呈暗红色。野兔看钢珠,家兔看血脖,有这两样才能证明兔子是新鲜的活肉,否则即视为来路不明,无人问津。

摊主卖卤兔时卸分成三大部分。卸不同于切,要顺着骨骼结构解开骨肉连接之处,小尖刀这里戳一下那里戳一下,然后轻轻一掰,卸成上半身、中段和下半身。下半身叫"后座",就是两条后腿连着兔臀。中段叫"身子",这是指整个的脊椎部分。上半身称为"前爪",包含兔头、两条前腿和两肋。

还有一种卖法是分上、下半身。下半身连着"身子"仍叫"后座",但上半身叫起来很滑稽,叫"不要后座",买时说声"不要后座",老板就知道这是要上半身。如是老板没问,自己上来也是这一句:"买个兔子,不要后座。"

"不要后座"是卤兔最受酒徒欢迎的部分,其一是兔子的两肋有细细的软骨,小城里的人称之为"肚绷",喝酒时一根一根地咂吧嘴,与喝慢酒很契合。

其二是上半身包括兔头,吃兔头很有意思,先把上下颚连接处一根特别的骨头找出来,这根骨头名曰"挖勺",用挖勺一点一点地能把整个兔头从里到外剔干净。这需要慢工夫,爱吃兔头的拿起来能吃上一两个钟头,一顿酒喝完兔头没剔一半,找张纸包上,留着下顿酒接着吃。

卤兔堪为小城佐酒头名,街头巷尾都有固定摊点,一般在下午就开始售卖,卖到其他吃食都已歇业了,"卤兔"摊子依然坚守阵地不撤退,因为等晚上过了十点又是一波小高峰,睡不着觉想喝酒的有的是,那个钟点只有卤兔是最合适的下酒菜。只见街头巷尾这边来一位那边来一位,晃晃悠悠地走过来,话不多说买了就走。凌晨之前酒徒不绝,因此卤兔摊子上的"气死风",常常是老街上最晚熄灭的那盏灯。

年轻时候,每遇下雪就有酒兴,有时夜半一看下雪了,二话不说先下床找来热水把老酒温上,然后小袄一披走出家门,大街上黑灯瞎火路断人稀,远远地看到街头有"气死风"灯一盏,油灯光闪烁,那定是"卤兔"在候!碎步小跑过去买半只"不要后座",哆哆嗦嗦地回到家里,手脚冰凉地朝单人床上拥被一坐,白炽灯下听着谭咏麟或者童安格的歌,温酒凉兔子,不亦快哉!

卤兔属民间小吃,不登大雅之堂,宴席上几乎没有。但只要不是正式宴请,不管是独酌还是小聚,卤兔必不可少。

小城佐酒之花生仁

卤兔以外，小城酒徒最爱花生米。

花生米，酒徒戏称"奉陪到底"，至爱无边，天南海北皆有，煮的、炸的、炒的，各式各样，最为爱酒之人所钟爱。酒徒金圣叹刑场候斩，也只求花生米臭豆干佐酒一碗，遗书有言：臭豆干臭，花生米香。

小城百姓爱吃炒的五香花生米，我们叫"花生仁"。只要是跟吃喝有关系的地方，都有卖的。有些街头小摊，摆上一些日常小食，放一坛子散酒，酒坛子旁边搁一小桌，桌上有一个不大的盘子，上面一小撮花生仁，那是免费给喝散酒的人准备的小食，俗话叫"垫牙"。到了傍晚，下了班的酒徒路过，丢下两毛钱打上二两，伸脖一口灌下去，随手把盘子里的花生仁抓了去，边走边吃着就回家去了。

只要是大众广泛接受的东西，总会比较出来个山高水低。小小的花生仁，也有业内高山。

当年皖北小城的花生仁，数一个叫"大胡子"的炒得最好。大胡子自然是以一脸的大胡子而得名，真实姓名我不知道，只是跟着叫大胡子。他一年四季光着头戴一顶帽子，每天下午才出来卖他的花生仁，固定地在城门下面摆摊，一个马扎似的木质架子支起来，上面是竹制的圆形平底小筐，里面整齐地码好包好的花生仁，那个时候没有塑料袋，都是用纸包。分三种：小包的卖两毛，中包的卖五毛，大包的卖一块。

摊子支好后，离摊子三五米的距离，他弄俩小板凳，一个放上酒壶酒杯，一个是他专享的"座驾"，靠着城墙根就很慢很慢地喝起来。大凡他的主顾，都知道他的规矩，走到摊子上，拿一包花生仁，把对应的钱朝摊子下面的罐子里一丢，招呼一声就走了。遇到新主顾或是要找钱的，随便你怎么嚷嚷，他是不会抬身子走过来为你服务，反而是你得走到他跟前，他才慢腾腾找钱给你。他的酒友挺多，只要到了晚饭的点，总会有人走过去和他一起喝。

据说有时候喝高兴了，他会跑到城门楼上唱戏。我没听过他唱戏，但很是欣赏他关公似的大红脸。

大胡子的花生仁怎么个好法，虽然我是没少吃，但可惜当时年龄太小，现在也没啥印象了，还原不了孩提时的味觉"盛宴"。推测起来，未必就是他的花生仁有什么特别之处，我觉得可能倒是他的酒风吸引了众多同好捧场而已，不然怎么就只见酒徒必买他的花生仁下酒呢，妇孺以及不喝酒的不见得非他的不吃。

家严有个同事加好友老王，好酒，每天下午要去买大胡子一包花生仁。这里科普一下，花生仁必须当天买当天吃，因为炒货不能放，隔了夜就返潮。现在买花生仁可以一次多买点，塑料袋一装能放几天，而三十多年前，塑料袋还是稀罕物呢。

有一次，不知为什么，家严就把我托付给老王照看一天。下午跟着老王去买大胡子的花生仁，老王一般是买两毛一包的，这天因为有我，买了一包五毛的。我那时候小，六七岁的样子，嘴馋，拿到就要吃。老王把纸包递给我，我就毛手毛脚地想打开。那个纸包包得不严实，很松散，一不小心，一包花生仁哗地撒了一地。那是城门楼下面啊，老城的繁华之地，一包花生仁可以说是撒了满大街都是。我就愣在那儿了，不知道怎么办，好像被不知道是谁的某个人，给狠狠地欺负了一样。

这时候老王没言语，没像一般大人那样呵斥我，他居然很不雅地弯下腰，在车水马龙的大街上一粒一粒地捡那些被我撒了的花生仁。我那个臊呀，当时就想装成不认识他。

老王弯着腰把花生仁捡好，然后用手一搓，左手倒右手再一吹，把花生仁上面的那个皮都弄掉了，然后拉过我的手，把黄澄澄的花生仁倒在我手心里。依然笑眯眯地说："这样吃起来更够味。"对老王的这个举动，我愤恨了很多年，三十岁以后才慢慢地把这一次经历消化完，而且，反刍出相反的意思来：人活的是自己，只要地上干净，花生仁掉了咱捡起来，管过路的怎么看呢！

我对老王的钦佩这些年才开始明显，而且越来越感叹他的从容。

老王结婚晚，中年得子，很知道惜福。但距今二十多年前，老王的儿子路走到尽头。那天老王委托亲朋好友去料理，他在家中呆坐了一天。从那天开始，老王戒了酒。那一年，老王 60 岁。

自那以后二十多年里，我再没见过他。直到 2008 年前后，在一次宴会上遇见，老王都 80 多岁了，看上去好像还很矫健的样子，除了满头白发，谈吐也还是轻松风趣。他们一桌老朋友慢慢聊着喝着，老王端杯茶陪着，时不时地飘句话，引得一桌子呵呵呵呵。

宴会结束，我顺路送他回家，途中奉承他身体保养得好，年纪这么大还能如此健康，很难得。他沉默了一会，像是自言自语似的低声回答我："老王早就死了，我这二十年是替孩子活的，按孩子的年龄算起，还不到五十岁，还小还小。"

人事有代谢，往来成古今。现如今，大胡子走了，老王也走了。

花生仁还在！

第 二 章

正本清源说 "好酒"

何为好酒，原本是酒徒常识，而
如今何为好酒，却要梳理流变，正本
清源。却顾所来径，苍苍横翠微。

1987年3月22日：与传统的告别

如把今天市面上的白酒做个分类的话，首先是按照香型分类，可以分成酱香、浓香、清香等等；其次是按照酒精度分类，大体分为高度酒和低度酒，50度以上即被认为是高度酒。

酒徒业已习惯了这些分类法，以为白酒原本就是如此，见酒先问香型，买酒必看酒精度。我们不评价这个观念对或不对，只在这里对比一下今天与昨天有何不同。那么，昨天是哪一天呢？我可以精确地告诉大家，昨天是指1987年3月22日以前。

1987年3月22日，就在这一天，被后人称为"贵阳会议"的"全国酿酒工业增产节约工作会议"在贵阳召开，主办者是国家经委、轻工业部、商业部、农牧渔业部，被称为三部一委。

会议的名称说得很明白，这是为"增产节约"而召开的"酿酒工业"的工作会议，中心议题是：调整白酒生产，节约酿酒用粮。

80年代初期，全国白酒产量是368万千升，当时每千升60度成品酒要用粮2.5吨(2.5斤粮食出1斤酒)，优质白酒每千升成品酒用粮还要更多。1985年，白酒的生产用粮已经占到酿酒行业总用粮的80%，所占比重过高，当时酿酒工业被认为加重了工业用粮的负担。所以贵阳会议召开，对白酒行业的现状以及未来的发展可谓意义重大。

这次会议是对酿酒行业发展的规划决策会议，至今仍发挥着极为重要的指导作用。会议制定的发展规划，总结为"四个转变"，即高度酒向低度酒转变、蒸馏酒向酿造酒转变、粮食酒向果类酒转变、普通酒向优质酒转变。大家注意一下，"四个转变"的第一个转变是"高度酒向低度酒转变"，也就是说，如今的低度酒是从当时的高度酒转变过来的，由此可以看出当时高度酒是主流。

贵阳会议不仅制定了发展规划，还对白酒行业提出了具体要求，会议要求：全国白酒产量中1/3的产量要降到55度，迅速研制40度以下的低度白酒,积极开展液态法白酒的科研工作,采取勾、调、串工艺,提高白酒质量,尽快实施液态法生产白酒的重大节粮举措。

我们来研究一下"要求"中的关键句。

第一个关键句是:"全国白酒产量中 1/3 的产量要降到 55 度"。这说明在此之前,起码有 1/3 高于 55 度。当然,事实上当时的白酒几乎全部高于 55 度。

第二个关键句是:"迅速研制 40 度以下的低度白酒"。这说明当时 40 度以下的技术不完善,甚至还没有,需要抓紧时间研制。

第三个关键句是:"积极开展液态法白酒的科研工作"。这句或许可以理解为,在此之前白酒行业对液态法白酒的研制是不积极的,不然为什么要求要"积极"呢?

第四个关键句是:"采取勾、调、串工艺"。"勾"是把白酒加到稀释的食用酒精(酒精是 96 度)中去;"调"是三合一:食用酒精 1/3,白酒 1/3,可饮用洁净水 1/3;"串"是把食用酒精放在底锅水中,算子上边是白酒发酵醅,然后利用串蒸使酒精与发酵醅中的白酒混匀。

第五个关键句是:"尽快实施液态法生产白酒的重大节粮举措"。这句话回到原点上,又一次阐明了会议决策的原因和成果:实施液态法,是节约粮食的重大举措。

其实,在化学工业的奠基人范旭东先生于 1922 年成立的"黄海化学工业研究社"里,白酒创新的思想就已经萌芽。

1935 年,用纯种曲霉制造麸曲生产白酒,揭开了麸曲酒的序幕。很多酒徒不明白"麸"字何意,麸的全称是麸皮,为小麦最外层的表皮。小麦被加工后,变成面粉和麸皮两部分,麸皮就是小麦的外皮。用麸皮制曲而成的酒,就叫麸曲酒。与大曲酒相比,麸曲酒发酵时间短,但出酒率却高,不过香味不如大曲。

贵阳会议为液态法白酒、低度白酒扫清了路障,主导日后白酒行业的发展。酒业前辈对此也多有响应。

贵阳会议上有专家阐述了国内外饮料酒的现状,鼓励向"优质、低度、多样化"发展,向国际水平迈进。讲稿我没有找到,不知道原文到底是怎么说的，如果传闻属实的话，其中"向国际水平迈进"一句，仅从字面上理解总有疑惑，看这个意思好像是说国际水平比我们的高，所以我们要迈进。但中国白酒在世界上是独一份，国际上怎么不向我们迈进呢，凭什么我们要向他们迈进？

白酒行业内对贵阳会议的决策一直有争议。君子存异求同，观点可能不一样，但道路只能是一条。哪怕走过的路是错的，也不能认定没走的那条就是对的。

我们把这次会议看作今天与昨天的分水岭：1987 年 3 月 22 日，一个极其重要的时间节点。

会议之前，除了南方个别地区的小曲酒以外，绝大多数的传统白酒都在 60 度以上，固态法高度酒是主流；而会议之后液态法低度酒被积极推广，到如今已盛行于世。

白酒在味不在香

在 1979 年 8 月以前，中国白酒不分香型。

白酒的生产首先考虑的是怎么让酒好喝，重在质量而非香味。造出来的酒只要好喝就行，至于香味则顺其自然，呈现什么样就是什么样，没有谁会把香型当成是白酒生产的首要条件。

1979 年 8 月，在大连召开的第三届全国评酒会上，首次把白酒按香型分类，从此，以香型区分酒的类别成为惯例。据传辛海庭先生晚年曾说，当时提出分香型，是因为评酒时不同香味的酒放在一起，香气大的总是盖住香气小的酒，于是为了品评方便，就先依照香味的不同大体分为五大类。

诸位酒友，酒质有好坏，香型无高低。历届评酒会，虽然用香型为酒预先分类，但并不对香型进行评比，评比的核心仍然是围绕着酒的口味。

咱们结合后来的贵州会议来看，液态法的推行是面对整个白酒行业，包含了所有的香型，因为固态法、液态法与香型无关。有个别酒友固执地以为，香型的划分自古就有，不同的香型代表不同的工艺，所以就认定某种香型是最传统的、最好的，只要是这个香型就一定是固态法的传统白酒。这种认识很让人无奈。

有传闻周恒刚先生晚年也曾说"白酒在味不在香"。周恒刚先生是前辈高人，在酒行业里可谓高山。并且，周先生恰恰就是第三届全国评酒会的主持人。

这届评酒会，如从当初参评条件上看或许有失公允。当时的参评条件有一条是要求年销售量在 50 吨以上，并且要经各地主管部门推选上报。类似的条件或许阻碍了评酒会的广泛性，难以全面涵盖所有的传统白酒。

盛 名 之 下

　　全国评酒会迄今办过五届，周恒刚先生参与主持了三届，分别是二、三、四届，在他之前，第一届的评酒会在 1952 年秋末召开，主持者是朱梅和辛海庭。

　　朱梅先生 1931 年毕业于上海艺术大学，曾先后入比利时酿酒学院与法国巴黎巴斯德学院，专攻酿造学，是公认的一代宗师、葡萄酒酿造专家。1952年，朱梅先生是华北酒类专卖公司的工程师，这一届的评酒会即由华北酒类专卖公司主办。来参会的各地区酒类专卖干部携带酒样，在会议后期评酒。因此，评酒只是会议的议题之一。

　　这次评酒会最突出的贡献是评出了后来被酒界广泛称赞的"八大名酒"。此后，"八大名酒"在市场上的声誉大大提高，销量猛增，呈现出一派繁荣景象。别的企业有了榜样，自然也是激流勇进，可以说"八大名酒"的评比促使酒业步入了大规模发展的轨道，对后来白酒的产业化发展产生了深远影响。

　　第一届评出的"八大名酒"分别是：绍兴鉴湖加饭黄酒；烟台张裕红玫瑰葡萄酒、张裕金奖白兰地、张裕味美思；山西汾酒；贵州茅台酒；四川泸州特曲；陕西西凤酒。

　　饶有趣味的是这"八大名酒"并不全是白酒，还有黄酒、葡萄酒。

　　三种获评的张裕葡萄酒，与朱梅先生颇有渊源，朱先生之前曾多年在张裕任职，主管酿造技术。

　　自第一届评酒会后，后来连续两届也分别评出了"八大名酒"，不过自第二届开始就把白酒和别的酒种分开来评，因此后来的"八大名酒"全是白酒。从历史看，所谓的"老八大名酒"，应该是指第一届的"八大名酒"，而这一届白酒只有四种；也有一种解释，把"老八大名酒"定位为第二届评酒结果，第一届的称为"四大名酒"，这样自然也可以，毕竟有利于商业推广嘛。但窃以为，非要如此的话，应该考虑在荣誉后面加个括号，"老八大名酒（非第一届）"。

说到酒厂们那些容易令人误会的历史荣誉,细究起来真的很有一些值得推敲。比如有传某酒厂获得过"1915 年巴拿马万国博览会"的金奖,酒徒乍一看以为这是世界第一的意思,事实上却绝非如此。

巴拿马博览会期间,共颁出 2 万多枚奖牌,中国共获得 1 211 个奖项,其中有大奖章(Grand Prize)、荣誉奖章(Medalof Honor)、金质奖章(Gold Medal)、银质奖章(Silver Medal)、铜质奖牌(Bronze Medal)、口头表彰奖(Honorable Medal)。

有关这次博览会,还有一点很有意思,就是巴拿马博览会根本没对酒类产品单独评奖,酒是与大豆、水果、猪鬃等一同归入农产品的类别。

在农产品的类别中,中国获得这次博览会奖章的酒类很多,读者可以参阅《中国参加巴拿马博览会纪实》。

原酒酿造之水里捞金

工业化白酒越来越多,传统白酒越来越少,乐观地看,传统白酒依然未绝,但我们看到的,其实只是她正在离开的背影。酒徒又能怎么办呢?

酿酒这行被称为"水中捞金",从古至今,能捞到金的少之又少,能安身立命已属不易。

通达的总是那些会卖酒的,酿酒的永远跟在后面当苦力。这不奇怪,整天琢磨工艺的技术派,哪有时间摸索人情世故呢?

酿酒的隐藏在卖酒的身后,我们能看到他们的影子,却总也找不到他们的人。就算有一天见到了,千言万语也无从谈起,习惯于劳作的他们哪有风花雪月和你谈啊?酒于他们只是工作,反正也不愁卖,反正也发不了大财,谈什么呢?谈科学他们不见得都懂,不知道啥叫分子结构;谈喝酒的境界,他们更不感兴趣,近处无风景。这就好像游客恨不得在乡村落地生根,而山民却盼望着走出大山。

传统酿酒人绝大多数不是学院派,没有很高的学历,以子承父业者居多。处在行业的最底部,往来多为市井人物,形而上的那些调调生活中无暇顾及,更多的时间是在盘算着"如何生存",酿酒的秘密,秘不示人,哪怕这秘密或许早就广为人知,可就算你在他们面前一口道破,他们仍是笑而不语。

如按照古法酿酒,他们其实也不累。只要把握住关键节点,亲力亲为即可,其他粗活也是雇人来干。

例如蒸酒时总要雇一些人来帮忙,被雇的也不是泛泛之辈,传统酿酒对各个环节要求都很严格,能端得动打临工这碗饭的,对酿酒之法也必须了然于胸。喜欢到酒池打临工的,也都是爱酒的人。酿酒时好酒随便喝,管够。当然,只准喝不准拿,这也是行规。

小城皆是大曲酒。大曲之所以叫大曲,实际上是相对小曲而言。大曲里面是曲霉,多数用小麦、大麦和豌豆,取原来曲子里的曲粉做母引,与曲料粉拌匀,拿木模子用脚踩实。因为比小曲个头大,所以叫大曲。

小曲里主要是根霉,用米粉加中药,再弄点曲种子或酵母菌团成一团,做得像小馒头似的。因为个头小,所以叫小曲。南方多用小曲做酒,称之为小曲酒。

传统白酒就此两种:大曲和小曲,再无其他。

大曲可大体分为三类:高温大曲,中温大曲,低温大曲。温度不同的直接体现,按照现在香型分类法来说就是香型不同,高温是酱香,中温是浓香,低温是清香。诸位,香型的不同,即是酒曲发酵时的温度不同决定的,温度决定酒的最终口味,与酿酒工艺没有太大关系。

自从1979年白酒分了香型,大曲的区别也可称为酱香型大曲、浓香型大曲、清香型大曲、兼香型大曲,再后来,也可分为传统大曲、接种强化大曲、纯种大曲,但万变不离其宗,不管换成什么称呼,大曲依然还是那个大曲。大曲的原料不超过四种,即大麦、小麦、高粱和豌豆。大曲的制作非常复杂,在酿酒的各个环节中,制曲可能是最难的部分。前面曾提过谚语"好池出好酒",那是谚语之一,还有谚语为"好曲出好酒",没有好酒曲,再好的池子也一样造不出好酒来,把这两句谚语结合起来可能更完善:"好池好曲出好酒"。

大曲酒的传统工艺有"原窖法""跑窖法""老五甑"。可以肯定地说,只要是大曲酒,基本都是沿用其中一种,但这些叫法只是工艺的大概面貌,具体操作也有很多演化,如逐一列举,话题就大了。

原酒酿造之混蒸续渣
与清蒸清吊

　　仅从目前小城一地而言,酿酒常用"老五甑",其可分为"混蒸续渣法"和"清蒸清吊法"。混蒸续渣是最常用的方式,而实际上"原窖法"和"跑窖法"也是基于混蒸续渣方式的需要。

　　"渣"这个字在南方,尤其是在非常著名的生产酱香型白酒的镇上,也叫"沙",这两个字说的是同一种东西。"渣"和"沙"都是俚语,指打碎蒸熟的粮食,它正式的学名叫作"糁"。

　　说到南北方的不同,不光体现在叫法上,传统白酒分为两大流派:南方是陈味派,北方是纯浓派。两者的区别是:陈味派用的高粱是糯高粱,并且加入糯米;而纯浓派用的是粳高粱。高粱常就地取材,因为南北方不同,用粮有异,所以酿出的酒也就有异,但酿制之法基本相同。

　　高粱打碎后上甑蒸一遍,蒸好摊凉了就叫糁,然后混合酒曲一起发酵,不管清渣还是续渣,在发酵前工序基本一致,但各家的配料略有不同。因为没有一个统一的标准,完全要凭经验,所以配料也是各家的小秘密。小庙浅显地说一说,其实能说的也只能是最浅显的,小庙原本就是外行。

　　先要阐述哪是主料,哪是辅料。一个池子一般下料是1 800斤左右,其中800斤是酒曲,酒曲的组成里600斤是小麦,100斤是大麦,100斤是豌豆,另外1 000斤是高粱。

　　多数酒友把数量大的当成主料,这是通行的认识。但也有人把数量较小的酒曲当成主料,因为直接影响酒质的就是酒曲,酒曲不好肯定不会有好酒。酒曲和高粱应该是君臣关系,酒曲是君,高粱是臣,所以酒曲是主料。小庙以为,这种分法很靠谱。

　　若从酿酒历史看,用高粱酿酒在明清时期才广泛出现。据说当时黄河闹水灾,要用高粱秆夯土来加固河堤,所以人们在黄河两岸广种高粱。而高粱米吃不完就用来酿酒,歪打正着,高粱淀粉含量高,出酒率也就高,并且也很好喝，于是延续至今。这或许就是高粱白酒产生的历史起源。

所以白酒并不是非高粱才能酿制，用小麦、玉米等其他农作物也行。但不管用什么，酒曲却不会变，所以从这个层面看，一个池子里酒曲虽然量小，但称之为主料也算名副其实。

辅料高粱和主料酒曲混合以后就可以下池子发酵了。要严谨地回答一池子料要发酵多久才能出酒，整体算起来，最少要七个月，因为酒曲也要事先发酵三个月左右才能用。我们计算发酵时间往往忽略制曲的时间，只从混合完材料压进池子的时间算起，这很不严谨。既然酒曲是主料，那么酒曲的制作时间不算进去很不妥。

如果仅仅计算入池以后的发酵时间，按照传统白酒的要求，不得少于五个月。古代酿酒每年只有两次，如今传统白酒的酿造工艺经过多次改良，已与传统相去甚远。按照相关规定，固态发酵不低于十五天即为合格，实践当中多是在三十天内，普遍的发酵期是二十二天。

那么"混蒸续渣"和"清蒸清吊"的不同在哪里呢？我们回看这一套流程，其中在酒醅发酵完成即将入甑蒸酒时，"混蒸续渣法"要把发酵好的酒醅掺入一定比例的未经发酵的生高粱。请注意，所谓"混蒸"即是指已发酵的酒醅和未发酵的生高粱一块蒸酒。至于"续渣"，混蒸后的粮食并不丢弃，取出来后摊凉了，混入酒曲和已发酵但未蒸馏的酒醅等，再次入池发酵，如此反复循环，合称为"混蒸续渣"法。而"清蒸清吊"，是发酵好的酒醅直接入甑蒸酒，酒成以后不管甑里剩下的粮食里还含有多少酒，统统丢弃，不要了。

按照科学的解释，一次蒸酒并不能把酒醅里的酒榨取完，如果用混蒸的方法可以节约用粮，并且省煤省电。为什么呢？大家看"混蒸续渣"时等于既蒸酒又蒸粮，一次就完成了"清蒸清吊"需要两次才能完成的工序。

说到科学对酿酒的解释，总也绕不开"节约"二字，紧紧围绕着降低成本的主题。但降低成本是否能保证品质呢？不好说。专家们的看法与小庙的个人体验极为不同。曾有酒友品酒，拿"混蒸续渣"与"清蒸清吊"对比，虽然同是固态发酵酒、兑水也浑浊、烧碱检验也能合格，但为什么"清蒸清吊"香味更浓郁呢？难道添加了香料？

假作真时真亦假，无为有处有还无。

原酒酿造之掐头去尾

发酵完成后的酒醅出窖上甑，缓火蒸馏。最早流出的两公斤酒，是科学意义上的"酒头"。科学认为酒中的甲醛等有害物质集中在酒头上。甲醛是什么？说个俗名，溶于水的甲醛（甲醛水）就是福尔马林，甲醛含量高的酒最浅显的表现就是喝了头疼，即所谓的上头。

但在传统意义上，一池子五六百斤酒中，能称为酒头的有 100 斤。从蒸酒时来说，一甑酒前面 20 斤都能称为酒头。

传统酿酒者认为，自然发酵与勾兑酒中的甲醛含量比较起来有体量的差异。单单看酒头的话，甲醛含量很高，但一甑酒放在一起看，甲醛含量其实远低于科学要求的最低标准，并且固态白酒中的甲醛、甲醇等也会挥发，窖藏不就是等待酒的变化吗？甲醛甲醇等的挥发也是变化之一。同时，酒头里还有呈芳香物质的酯类，没有了酯类的酒还能叫酒吗？所以，传统酿酒者认为，谈甲醛色变，因噎废食，大可不必。

一甑酒是个整体，好比一条龙有头有身子有尾巴，把龙头斩了，丢在缸里的不过是死虫一只。因此酿酒人很少会把酒头掐掉。

当然，非得把酒头掐掉也不是不可。科学认为酒头和酒尾含有害物质较多，必须丢弃。但科学把酒头、酒尾丢弃到哪里呢？丢给第一代液态法白酒的使用者们，他们拿这些加入食用酒精里，以弥补酒味的不足。或者投入下一次发酵的酒醅中，总之不会浪费掉。既然说酒头有毒要掐掉，那么添到勾兑酒里就没毒了吗？不掐掉就有毒，你拿去添加到酒精里回头再给我喝时就没毒了，这道理怎么也想不通。而调香酒，虽然没有酒头酒尾加进去，但那些工业生产的杂醇油等添加剂，他们又卖给谁了呢？

科学要求"掐头去尾"，头是指酒头，尾是说酒尾。小城将酒尾称为"酒梢子"，酒尾含有高级醇、糠醛等物质。酿酒人去尾不是因为其所含物质是否有害的原因，而是酒尾度数低，如不及时停下来会影响一甑的酒的度数和口感。

　　常用的断酒方法是目测法,自酒尾开始浑浊,酒色逐渐不堪,最终上面会有一层黄色的漂浮物,术语叫甲醛纯油。老五甑蒸酒,待到流出来的酒在某个临界点上即将浑浊时,会停止取酒。此时即完成蒸馏,酒成!

　　还有一种方法较为常用,称为"断花摘尾",意思是目测酒花的变化来判断酒尾中的酒精含量,估量酒精含量断酒。酒花是白酒流出后表面的一层泡沫。最初大如黄豆,称为大清花;其后大如绿豆,称为小青花;大如米粒,称为云花;待大小不一,大的如大米小的如小米时,称为二花;最后呈油珠状,大小如米粒的四分之一时,称为油花。"油花满面"时,酒精度只有百分之四左右。

　　另有一说是"听花掐尾",意思是听着酒花破裂时的声音来判断何时掐酒。但细究起来可能未必真有。出酒时明明可以用眼睛看到,为什么非要闭起眼睛用耳朵听呢?这个说法可能是从黄酒酿制那里套用过来的,据说酿黄酒的缸头师傅,可以根据气泡破裂声音的密集程度来判断酒醅的发酵程度,但那是因为酒醅密封了眼睛看不见,所以用耳朵听。蒸馏酒在掐酒时如果也用耳朵听,明显不符合常理,别说眼睛就可以看到,就算非要炫技用耳朵听,那水流的哗哗声,柴火的噼啪声,哪个声音都比气泡破裂的声音大,噪声盈耳还如何听得真切?掐酒原本是个很简单的事,不神秘,但总有人喜欢捕风捉影,过度演绎,装神弄鬼,制造玄幻效果。

原酒窖藏之时间的味道

新酒刚出,商家为了加快资金周转,价格自然也公道。但你若等他存上三年才去买,却还想只付三年前的价格,那怎么可能呢?

指望别人为你提供窖存服务的话,那么这酒价也就贵了,咱老百姓就沾不上边了。

买酒回来,一定要自己窖藏。窖藏酒是个慢工夫,一年也好,三年也罢,咱图个心里踏实,咱心里有谱。

小城酒徒每次买够一年的量,然后窖藏起来,第三年时开始喝第一年存的酒,这样循环起来,喝的就是实打实的三年窖藏。

窖藏酒不仅花时间,且门道挺多。因为酒的品质是一直在变化的,若方法不对,再好的酒都糟蹋了。

酒是陈的香,新酒杂味多为低沸点易挥发物质,自然储存一年,基本可以消失。因此白酒需要储藏一段时间除杂增香,改变其风味口感,这个过程就是酒的老熟陈化过程。

老熟陈化到底是怎么个缘由?如用现代科学的方式来解答,可以列举出很多因素:氧化作用、还原作用、缩醛化反应等。也可以简单概括为物理因素(光线和温度的影响)和化学因素(空气或溶解氧和微量酒体成分)。

科学解释了酒的老熟陈化是为什么,找出了根本的原因。可对这个原因酒徒其实并不关心,他们想要了解的恰恰不是为什么,而是想知道具体应该怎么办。至于怎么办,还是得从老传统中去搜索。

老传统归结起来就一句话:装起来放着!

就这么简单?就这么简单!

不过话说回来,在社会生活接近传统的时代,老物件、老传统都还在,酒徒存窖藏酒看上去是自然而然的事。但对于今天的我们,就不那么简单了,细说起来可能还很繁琐。

白酒的传统储具有两种：其一是酒坛，其二是酒海。酒坛材质要用素陶土，产地主要在江苏宜兴、广东佛山和四川泸县，宜兴的陶土颗粒较粗，佛山和泸县的较为细腻。这些地区的陶坛都是网状微孔结构，窖藏时酒会从微孔中挥发，有时坛体会有轻微的湿润感，称之为"冒汗"。

陶坛最好为内无釉，并且坛底内外皆无釉。因为内无釉，储酒后会有一定的损耗，即所谓"皮吃"，意思是酒会浸入坛体材质里。

酒海各地略有不同，北方多数是用荆条编成箩袋状，内部用泡了猪血的桑皮纸多层裱糊。南方多用竹篾编成篓子，再用桑皮纸或者麻纸，蘸猪血搅拌的石灰泥裱糊在内部。关于酒海，知道个大概就行了。如今物资丰富，多大的坛子都能买到，也不贵，因此酒海不再有实用价值，该成为历史的就让它成为历史吧。

酒的老熟陈化，目前陶坛是可选项。

储藏时间，按照国家规定，优质白酒要储存一年，名优白酒要达到三年。规定认为，储存到这两个时间点，白酒就能获得最佳的口感。而从经验上说，白酒储存半年就能去除杂味，一年以后就相当可口，三年到五年之间是最佳状态。头一年的陈化最快，效果最明显。一年以后逐渐放缓，时间越长变化速度越慢。但酒徒不怕慢，人生那么漫长，不急于尝那口时间的味道。

当然，有酒徒要窖藏十年甚至二十年也可以，自己的东西想放多久都行，没谁会去拿着锤子把它砸了，但从酒的老熟陈化来说真的是没必要。这世界上任何物质都会从鼎盛走向衰竭，白酒也一样，当它达到最佳状态以后不会长期恒定在那个状态，变化一直在持续，下一站要去哪儿很清楚了。

那些宣传酒龄动辄二三十年的商家，你的酒到底是放在哪里存的呢？如果是用陶坛或酒海窖藏，不管你是放在地上还是地下，酒每年都会损耗 1.4% 至 4%。真的放了二三十年会是什么结果，一想便知，能剩下多少酒支撑着你敞开了卖呢？

如果是用别的容器窖藏酒几十年都没损耗，那么就算放上一百年又有什么用呢？窖藏的根本目的是为了酒好喝还是为了考验耐心呢？

要想抬杠，咱们还可以再算一道算术题。

假如某个著名品牌的十年陈酿，按吹嘘的每年卖五千吨算，按照循环的窖存方式，厂区里起码要存放五万吨酒，这五万吨酒是有体积的，放在哪儿了？厂子就那么大，得有地呀！

再说了，五万吨原酒，算起来光粮食就得消耗将近十五万吨，起码也得值五个亿吧，就算把你酒厂砸光卖净能值这个价吗？所以大凡遇到打酒龄年号的，只要去其厂区转一圈，再结合一下他鼓吹的销售量，那立马现原形。哪有窖藏动辄十年二十年的酒拿出来卖？骗鬼去吧。

当然也有说辞，二十年窖藏的意思并不是真的放了二十年，而是酒的口味与窖藏了二十年的口味很相像。这么解释也说得通，因为勾兑酒原本就是在模拟原酒的口味。和多少年的口味接近，就可以称之为多少年。但谁又知道真正的二十年是什么口味呢？所以到底像不像根本无从查考。这其实也延伸了另一个问题，不光是消费者，甚至连酒企都以为，白酒储存的时间越长酒就越好。

白酒是不是真的存储时间越长酒就越好呢？我确定地告诉大家：不是！

任何物质都会走向衰竭，酒自然也逃脱不了。与我们原来的认知不一样，放上几十年的蒸馏酒其实早已衰老，一点也不好喝。反而是发酵酒（例如黄酒）能长期储存，酒精度越低的酒所需储存的时间反而越长。

例如非常知名的某酱香型酒，其入库时酒度较低，一般酒精含量多在55％，化学反应较慢，所以需要储存较长时间才能完成全部或部分的酯化反应。新酒九个月才能稳定平衡，三年才能达到老酒的风味，所以这家企业要求酒要储存三年，也是无奈之举。如果一年就能达到最佳口感，他们也不会非要放三年才卖。还是那句话，窖藏是为了好喝，不是为了考验耐心。

年份其实也可以量化，中温酒曲酿制的酒（浓香型）入坛时酒精度在60度左右，待到只剩50多度时，酒中香与味正是最佳状态。

白酒窖藏过程中不能一直静止，多年一动不动也不行，最好是有空拿块布擦擦坛体上的灰，随手抱着坛子晃一晃，让酒分子通过震动均匀混合，用科学的说法，这是促进形成分子均匀协调的最佳缔合群（真绕口）。总之，隔段时间晃一晃坛子可促进酒的老熟陈化。

若是把坛子埋在地下呢？那也没关系，地下有地下的好处。曾经看到过前人的总结经验，说放在地面上的和地面以下的酒陈化出来效果不同。实践证明确实如此,地面上窖藏的酒香气大,但不如地下窖藏的味道好。这并不仅仅因为酒在地下静止的原因,事实上酒在地上静止的话也达不到地下的味道。怎样才能让酒既香气大又味道好呢?这个问题适用哲学回答,古人云:逐二兔,不得一兔。

酒装入坛子以后还要注意避光,禁止阳光直接照射,对空气温度有一定要求。温度过低或者过高都不行,这是最能改变酒味的一条戒律。温度控制在十到二十五度最合适。过低时酯类会析出,有絮状物出现,虽然温度升高后絮状物会自行消失,但味道会有变化。曾有人尝试用低温窖藏的方法对酒进行人工老熟,但效果不好。高温也是如此,温度过高更能改变酒的品质,并且这些变化不可逆转。

咱们老百姓没有这恒温的条件,但因陋就简也得避免高温。万一冬天没防冻夏天没防暑,那酒绝对就坏了。酒徒八仙过海,因地制宜各显神通吧。小城这边多数的懒货,不过就是放在家中储藏室里,多用点破棉被一盖就完事儿了,效果也挺好。

匆 匆 那 年

　　说到正宗原酒，就想扯点陈年旧事。原来老百姓的日子拮据，没经济能力藏酒，喝酒都是到酒铺里现买。小时候经常为大人去打酒，那时候酒都是散装的，其实在那以前咱老百姓也都是这样喝酒。那时候的酒呀，全是纯粮固态，价格也都差不多，比的是谁的更好喝。

　　打酒、打醋、打酱油，途中偷偷抿一口，想必是不少人共同的儿时回忆。

　　那时打酒一斤是八毛钱，我们称为"老八毛"。一般去打酒大人都给一块钱，剩下的这两毛于我就是一包花生仁或几粒水果糖。

　　当时流通的第三套人民币，最小面值是一分，最大面值是十元。现在还清清楚楚记得它们的样子，一分画的是汽车，二分的是飞机，五分的是轮船，这三种最熟悉，因为得到过的最大面值的零花钱也不过就是艘"轮船"。但因为经常去打酒，一元面值的也不陌生。一元的画面上是位英姿飒爽的女拖拉机手，喜气洋洋地在希望的田野上驾驶着拖拉机，曾让我产生许多对未来生活的美好幻想。三十年后才知道，那个女拖拉机手叫梁军，是新中国的第一位女拖拉机手。

　　有时候做梦，回到小时候，自己一手提个空酒瓶子，一手攥着一块钱，装作开拖拉机的样子，兴高采烈地去酒铺打酒，唱着、跳着……

小城故事之大脚老李

街口有一卖包子的,每天早上就得半斤酒,不然干不了活。

卖包子的姓李,真名李满意。因为个头矮,只有一米五左右,却偏偏有双大脚,穿43码的鞋,所以得了个诨名叫"大脚小李",四十岁后被喊成"大脚老李",这诨名喊得时间久远,深入人心。

他小的时候,全城就一家国营饭店,他的父亲在那里当大厨,专做特色菜。因此,他很小就在后厨里混,到了年龄稍大一点,直接就做了饭店的帮工,用现在的话说就是临时工。

这家饭店专门有一间铺卖包子。那时的老李还是小李呢,就在这个包子铺当服务员,端盘子,打包,收钱。等到他长大成人,娶妻生子,改革开放了,各种饭店餐馆多了起来,国营的这家式微,直到解散。大脚老李是临时工,除了卖包子,别的什么都不会,也就没再改行,在家门口租了个小门脸,开始卖包子。

老李孩子多,经济负担重,包子铺是他唯一的生活来源,所以生意虽小,但兢兢业业,干得很是勤勉。除了爱喝酒外,老李也没有其他不良嗜好。

老李喝酒喝得急,早上起来开铺子第一件事,倒一搪瓷缸子酒,大概得有半斤多,等第一笼包子开卖时喝第一口,这一口就快二两下去了。最多撑到七点钟,半斤酒就喝完了。喝完也不再喝,客人这个时候就多了,忙生意,里里外外的,也确实辛苦。上午十点以后,铺子里的生意就冷清了,老李开始他的外卖。

我们这里,卖包子的一般没有外卖的,都是在铺子里卖,多数上午卖完就歇摊,一天的生意就结束了。一小部分会在晚饭时间再卖一会儿。可像老李那样到处跑着外卖的,全城仅此一人。

十点钟一过,老李再倒一回酒,这次不多,一两二两的样子,一口灌下去。然后把一个装包子的圆筐顶在头上,一个手扶着,大喊一声"羊肉包,素包……"随即快步开动起来。

老李脚大，走路快如疾风。他应该有固定的外卖路线，可我一直搞不清楚是怎样的规律，总觉得他无处不在，但不管他要去多少地方，有两个场所，我敢肯定是他的重点。

第一个是书棚。书棚不是卖书的地方，是说书艺人的演出场所。去听说书的基本上是小城以及乡下来的老人们。小城人听书很固定，书棚来了新艺人，说得好，那就天天去听。乡下来的基本上是进城办事，或买或卖，或走亲或访友，事儿办妥当了，顺便听听书娱乐娱乐。一般他们起得早，天不亮就开始赶路。当时还没有现代化的交通工具，所以他们早饭吃得比较早，到这个点上也就该饿了，这部分人是老李的主要对象。

说点题外话，想起有一次，有河南来的两位艺人在书棚说《薛刚反唐》。男的弹坠子琴，从头至尾不怎么说话；女的叫莫红梅，面前放一个小圆鼓，说一会儿唱一会儿。说了估计有一个月，有多火呢？火到我这样的小孩子都成群结队地去看，注意！是看，不是听，因为我也听不懂，就是看着热闹去凑热闹。写到这里时，我百度了一下这个人，看到她现在俨然已被誉为大家了。通过百度，我也明白了莫红梅当时为什么那么火，原来她融汇了豫剧、坠子、琴书等民间艺术，搞出了新东西，怪不得当年那么被小城的爱好者们追捧。看了看她现在的视频，和我印象中的外貌完全两样了，不知她是否会记得小城演出时，小孩们朝台上抛过去的那些塑料花。

第二个是录像厅，说到录像厅，想必会有不少六零后七零后会心一笑。这里待着的多数都是小伙子，逃学的，旷工的，有家不回的，以及无家可归的社会闲杂人等。这些人吃饭没正点，饿了就吃，没吃的忍一忍也就不吃了。老李的包子总是恰到好处地送过来，一家一家的录像厅，老李不跑快点哪能跑过来呢。

老李卖包子很会吆喝，他的标准口号是："羊肉包，素包，我的包子没有馅，都是葱……"

老李嘴碎，从十点钟出了铺子，这嘴就不停地说，或者说是不停地喊，看见什么说什么，而且都得和包子联系上。比如看见吵架的，他吆喝"快打快打，打饿了吃包子"；看见打架的，他又吆喝"吃个包子歇歇吧"；看见老人他吆喝"省钱给谁花呀？买个包子过过年吧"；看见小孩他吆喝"可有人疼了？连个包子都吃不上"；哪怕四下无人，他对着树也得吆喝："可有上吊的吗？吃个包子再走……"

大脚老李每天上午十点到下午三点，就这样马不停蹄，卖完一筐，跑回来再装一筐，一直动如闪电疾如风，不停地吆喝。除了吆喝，他不和任何人闲谈，一直面无表情，可以说是不苟言笑。

待到三点一过，回到铺子，老李把自己直接扔在里间的床上，这一觉就到了天黑。

每天忙忙碌碌，几十年哪，没见他歇过。

晚饭时间，老李起来刷牙洗脸，坐到饭桌边上，笑眯眯地先问老婆今天卖了多少钱，该为明天做的准备做好没有，等等。得到满意答复后，把酒拎了出来，还是早上的那个搪瓷缸子，哗哗倒上半斤，这一顿喝得就慢了。他不怎么和孩子们言语，喝着自己的酒，看他们吃饭。待到都吃完站起来走了，老李这才把剩下的酒加紧几口喝完，桌上有什么吃什么，算是晚饭。

看上去老李吃饭很随意，其实不然，这个人疼孩子，虽然一样的粗茶淡饭，他总是尽着孩子吃，他吃孩子剩下的。哪天孩子们要是把饭吃光了，他宁愿饿着。拼了命地卖包子，赚了钱却不舍得在自己身上花，就为了给孩子存点钱，为了给家庭储蓄未来。

老李光顾着挣钱呢，平时少与孩子交流，而且过多地沉湎于自我，就想把所有的担子都挑在自己肩上，咬着牙，想着现在难点，今后会享福。他把美好生活的希望更多地寄托在未来，而不是当下。渐渐地老李的性格在别人看来就有些孤僻，为家庭付出的最多，可孩子长大了却不和他亲。

其实穷也好富也好，和和美美的幸福生活，不是钱的多少能够衡量的。同样生活在社会底层，安贫乐道、知足常乐的大有人在。干了一天活回家喝上二两，领着老婆孩子小河边上散散步，哪怕是窝在家里看肥皂剧呢，一样的温馨和睦、其乐融融。老李就是心劲大，心强，总爱和人比，以为攒够了钱，就会有享不完的福，殊不知，福就在身边，就在当下。

他所希望的那个未来，终究没有到来。

小城故事之青春，扬长而去

有位兄台绰号"不高兴"，易怒。

大高个子，一身横肉，平时挺好，就是喝醉酒好惹事，看见谁都是眉头一皱，言不及义地胡言乱语，别人还不能接他的话，万一搭不好他的话茬，这就闹上了。

不过有一点，再怎么闹也不动手，嘴里面吆喝着打打杀杀，大冷天把上衣脱个干干净净像要去拼命似的，可也就是要个态度，不见真功夫。

老街坊知道他这毛病，看他喝了酒也都不理他。

但四门贴告示，挡不住有不识字的。话说这天，有个小伙子路过瞅了"不高兴"一眼，被他看见了，拽着人家衣领子直咋呼："你看什么看!"小伙子老实，满面通红的，不言语，指望着四下看热闹的能拉一把，劝开了脱身。可街坊知道"不高兴"的毛病，也就是闹闹而已，不敢真拿他怎么的，都站得远远的，不言语。

小伙子被"不高兴"撕扒着急了，也有点恼，虽然个头还没到"不高兴"肩膀呢，但有血性，蹦起来伸手给了"不高兴"一耳刮子，听声打得挺脆。"不高兴"挨了这一下，猛地一愣，睁眼瞪瞪小伙子，满脸惊愕地撒开了手。眼看着小伙子撒腿就跑，"不高兴"扭头哭开了，朝地上一坐，对着满街坊就诉起了苦："你们这些没良心的，看着人家打我，你们没一个劝架的……"哭得真伤心，想想几辈子的老街坊了，眼看着自己挨打，居然没一个帮忙的，恨啊!

"不高兴"越哭越觉得委屈，越哭越觉得伤心。闹了一会儿，街道治保主任过来了，踢了他一脚说："你打了别人，你哭什么?"

"不高兴"听了猛一高兴，忙问："是我打了人家?"

"是呀，打了人家小孩，你真好意思下手!"

"哎呀呀，原来是我打了人家，我说怎么自己身上不疼呢!"

"不高兴"高高兴兴地去了澡堂子躺下，睡了一觉酒醒后心里觉得过意不去,寻思要找到小伙子给人家道个歉,连忙穿好衣服去找治保主任,打听被打的小伙子是谁家的孩子,得去给人家赔不是。治保主任忍住笑,给他指了门,说这小孩是哪条街上的谁谁家的。

"不高兴"买了四瓶水果罐头就去了。

到了人家门口,小伙子从屋里看见他,心里一惊:这是来寻仇了嘛。随即打抽屉里拿了把三角刮刀,刀背藏身,不动声色。"不高兴"一进院里,认出来小伙子的爸爸大老张原来是老熟人,曾和大老张在一个厂子共过事,这一见面倍感亲切。简单说明来意,大老张哈哈大笑,说这算什么破事,你们小哥俩别说打一拳,你就是踹几脚也算不上什么。这事就算是说开了,大老张拉着世侄不让走,晚饭和"不高兴"喝了两壶,少不得"不高兴"回到家门口又得嚷嚷一圈,这天算是醉了两回。

小张打了"不高兴",反过来"不高兴"来登门谢罪,小张心里也自觉过意不去。第二天,小张早早起来去上班,路过"不高兴"家串了个门,意思是要交这个朋友。"不高兴"宿醉未醒,他妹妹小瓦从家里出来应门,和小张一照面,嘿嘿,一见钟情的老故事就开锣了。

小张在老街上一家油漆店里当售货员,小瓦也是售货员,是在老街上另一家布店里,两位售货员平常上班都在一条街上,低头不见抬头见,经常遇见相互也有好感,但苦于当时的人都保守,一直没有搭过话。小张这次一上门,算和小瓦接上了头。

从此,两人先是一块下班,后来一块去上班,再后来偶尔也一块去看个电影,逛个公园。慢慢地有热心人瞧了出来,中间一撮合,门当户对,下定结亲。

小庙眼中最完美的情侣就是小张和小瓦那样的:新婚燕尔,大早上小瓦穿一件米黄色的短风衣,围一条淡绿色的纱巾;小张穿一大红的圆领毛衣,烫一爆炸头。小夫妻手拉着手,哼着最流行的歌曲:"幸福的花儿心中开放,爱情的歌儿随风飘荡",高高兴兴去上班。

那时候小庙还是小学生,上学路上时常看见他们的背影,两条同款的喇叭裤迎着朝阳,仿佛每一步都在播散着光明。

不知道过了多少年,老街上的商店都成了个体工商户,店面还都在,不过换了主人。小张和小瓦经营其中一家油漆店。

　　小庙有次得了个机会要买油漆,兴冲冲地奔着他们去了。为什么说是得了个机会呢?说来惭愧至极,小庙平时很懒散,不太爱干家务事。结婚时内子家陪送了一张小饭桌,是老泰山年轻时亲手做的物件,用了几十年,当成传家宝给了小女儿做嫁妆。

　　小饭桌带过来,又是十几年过去,看上去不复当初神色,内子琢磨用油漆给它刷一刷,而这种老式的油漆,如今小城只有小张和小瓦的店里才有。

　　小庙一寻思,认识小张两口子几十年了,从没去买过油漆,这算是得了机会,近距离地接触一次儿时的偶像。

　　抬脚进门,看见小张坐在柜台后头仰着脖子在看电视,看的是豫剧《梨园春》,心想不妙,难道走错门了吗?当年在河边扛着双卡录音机跳迪斯科的小张,怎么会看《梨园春》呢?反差过大,让人措手不及。还有曾经那一脑袋的爆炸头,如今也只剩下秃瓢。

　　小张眼瞪着电视目不转睛,感觉来了顾客侧眼看过来,一拍脑袋,"这不是那谁谁谁吗?"小庙寒暄几句说明来意,小张朝里屋喊了一声:"拿桶大红凤凰漆。"小瓦应声而出,举目望去比小张还胖,估摸喇叭裤她是再也穿不上了。

　　小瓦慢悠悠拎来油漆,轻言细语:"现在搬哪儿住了?都好吧?你也有四十了吧?"

　　从油漆店里出来,沿着水泥路慢慢走。

　　老街除了把石板路换成了水泥的以外,与三十多年前相差无几,而那曾经的小两口如今却已暮气沉沉。耳边回荡着当年小瓦哼唱的歌谣《我们的生活充满阳光》,无限感慨。

　　正想得出神,听到身后"嘀嘀"两声,回头一看,是辆锃亮的轿车,原来走得有点偏,挡了人家的道路。开车的小伙子很客气,从车窗伸出脑袋说:"大叔,请让让!"一声"大叔"叫得我心里咯噔一下,小兄弟你看我也老了吗?!

　　小轿车擦身而过,朝着老街尽头飞奔,速度很快,就像岁月疾驰,都来不及让人仔细看看它。

　　青春,扬长而去。

第 三 章

醉里挑灯看剑

　　白酒销售的世界，强者的饕餮盛宴。

　　看那袖里乾坤，翻手为云、覆手为雨，视酒徒为肥美羔羊。

怎一个"钱"字了得

曾经,白酒企业单一靠广告卖酒。山东的××酒和××酒,分别是央视第一代和第二代标王,就靠广告拉销售。如不是酒厂自己出了点问题,广告效果还真是立竿见影。当时有句名言嘛,在央视做广告就是:"每天一辆桑塔纳开进去,一辆奥迪开出来。"只要广告做出去就有人买酒,收入远比广告费高,酒类企业纷纷效仿。面对酒企对广告的疯狂投入,广告界叹曰"酒疯子疯了"。自那时候起,每瓶酒里都包含了若干广告费。

在白酒广告大量投入的同时,酒企又发现,随着物质生活的富足,老百姓有钱了,虚荣心有点膨胀,愿意多花钱买贵的挣面子。

"虚荣"二字,用卖酒人的话说,这叫"消费者的精神需要"。有的卖酒的就在这个精神需要上做文章,而不再关注酒的本身,酒质如何已经不重要;有的酒企专注于标新立异,在包装设计、市场定位上下工夫。

酒类是自主定价的商品,物价部门不核定它的价格。价格既无下限也无上限,天高任鸟飞啊,留给酒企无穷的想象空间。

反观当时最贵的几个大佬,也不过二三百块,确实也与经济发展不对称,尤其在南方沿海发达城市,一顿饭一两千块很平常了,但酒钱不如两道菜,有钱花不出去。于是新××一推出,价格直接搞到七百块,立马在南边火了。越贵越有人捧,求之不得啊,于是酒越来越贵。

仔细看一下酒类产品,标注执行同样的标准,价格却有几十块的、几百块的、几千块的甚至过万的,之间有几十甚至数百倍的差距,也算是奇观。

赢家通吃（一）

有一段时期，酒企热衷于会议营销，简单说就是开招商会，签代理商。原来酒水都是经销，谁都可以卖，现在搞独家代理，利益有保证，价格有优势。代理商签下一个代理协议，感觉自己割据一方似的，治下芸芸众生都成了自己的钱袋子，这个感觉非常好，代理商很喜欢。

计划经济时代没有代理商这个概念，每个城市都有糖酒公司，零售商到这家公司去进货。后来市场经济了，有了批发市场，各地的批发商到各个酒厂去进货，城市里的零售商再到批发商那里进货。代理这个概念，是从九十年代中后期才开始引入，并迅速成为酒类行业的主要运营形式。

以代理的形式靠卖酒发了大财的人很多，南方有××公司，就卖出了名堂，但它并不是一家独大，各省各地都有地头蛇，在行业内是所有酒企都想攀上交情的。北方有××公司，也是行业翘楚。

这些地头蛇在九十年代市场转型期，抓住机遇，发了大财。做大以后，基本是朝两个方向走：一是专拣有利润的做，只要和酒企谈到最佳条件，就能让这个酒火上一个时期；二是自己去酒厂开发产品，这样更能把利益最大化。

在他们的地盘里，由于本身实力大，关系又广泛，只要老板敬业，在主流市场上可以说是任意驰骋。所谓的主流市场是指那些产品溢价较高的地方，就是最赚钱的地方。

据说，有个浙江人，代理了一种江苏的酒，找到一个山东的关系，去了山东卖酒，目标是这年八月十五山东一家企业的团购。这家山东的企业很为难，因为浙江人来头太大，不做不行，做了却又怕会得罪原来的供货商，这个时候，山东当地做酒的地头蛇就找上门和这个浙江人谈，说你要卖的这个酒我也有，90块钱一箱进的货，你来无非是赚钱，但不能挡我们的财路，咱这样解决：一箱给你390块，我买你一万箱，总价390万，但只限这一次，明年你不能再来。浙江人更绝：既然你让我赚300万，这样吧，酒你也能买到，我就拿

300 万直接走人吧。

这个例子,不管真假,形象地说明了地头蛇在当地的控制力。

而现实中司空见惯的一些例子也有,比如一家单位过年团购酒水,会搞个招标,有时候为避免来投标的过多,单位会搞邀标,即不公开发招标公告,而是邀请几家品牌,有刚入行的听说了就到处托关系非得挤进来,那简直就是自取其辱啊。运气好的,关系托的有用,人家围标的可能给你几万块钱,算是赏你个车马费,而更多的则是竹篮打水,光捂着脑袋喊疼,却不知道栽在了哪里。

赢家通吃(二)

在大代理商之外,是数量巨大的小代理商。小代理商的空间很窄,团购一般沾不上边,销售渠道全靠商超和酒店。现在做商超和酒店推广很难,因为酒企的无底线竞争,把他们都惯坏了。

超市大家都知道,几乎所有商品不仅供货商送上门还得长期押款。做超市抽象点说,就是租房子装修一下就行了。另外呢,超市向供货商付款多是三个月账期,第一个月送的货到第二个月根据销售额结算挂账,到第三个月才能拿到钱。这样一算,大家清楚了,其实租房子装修的钱也就立马回来了。跟超市做酒生意,里面麻烦着呢。

如今代理商的好时期也过去了,说好的精诚合作如今变成了尔虞我诈。有些酒厂很懒惰,认为把酒卖给代理商就是完成了销售,所以建专卖店也好,搞形象店也好,总之就是逼着代理商进更多的货,行话叫"占库"。把自己产的酒放到代理商的仓库里,就占了代理商的库,其实占的是人家的钱。占人家的钱干什么?这就是变本加厉、急功近利,先把钱拿到手,至于代理商的死活就不管了,反正钱已到手,落袋为安。

代理商被酒厂占了库以后,就算卖得好也不过是为酒厂今后更多的占库做积累,你因为酒而赚了钱,酒厂当然更不会放过你,哪怕你转投别的酒厂也是一头扎进另一个循环,只要在这行业内,你就躲不过。而占库以后万一市场有变化,酒卖得不好,却只能认倒霉,酒厂好不容易赚走的钱是不会再掉头回来给你退货的。到那时代理商就只能忍痛割肉,低价出货变现。所以现在有些酒水市场上价格倒挂,或许就有这层原因。

这几年"团购"概念很盛行,现在很多酒企,都在大城市设有"团购队伍",此招若从营销学的角度而言最可笑,也最可恨。可现实是:于赚钱而言确实有效。

所谓团购,就是以一次购买巨大的数量而取得优惠的价格,团购的目的是买个便宜，所以才盛行。你白酒企业要想搞团购，你直接在网上搞呗，只要价格便宜不愁卖不掉，却为啥要在各地搞团购队伍呢。只因为他们所谓的团购，不是要卖得多，而是要卖得贵。这些品牌的团购队伍，不如说是"直销"队伍更准确。

一大群小姑娘，花枝招展朝各个单位跑，奔着一把手，奔着企业主，承欢献媚。而这些买酒的，所谓团购的酒水不仅不便宜，反而可能是最贵的。当然，他们可能也知道这是贵的，但他们依然乐滋滋喜不自胜，我们看到的只是他们花了冤枉钱，而他们其实在乎的并不一定是钱。

这些人的心态，咱们理解不了，也无从体会。

企业的手筋（一）

手筋,围棋术语,讲究与对手角力搏杀时的力道、耐力与方法的综合实力。一些白酒企业把大小经销商、顾客皆视为可以绞杀的对手。原本普通的消费品白酒,被无限虚幻化,离咱们越来越远。

酒厂在推一个新酒品时,只要拿出来一点好东西,很快就能被消费者接受。当消费氛围起来后,原本一百块一瓶的马上就要卖二百块,当你二百块也不计较时,那就很快筹划要卖到三百块。总之,赚钱、赚钱还是赚钱。

举个例子吧,有家大酒厂几年前调整产品,主推一个品牌的新酒,假如就叫三年吧,卖120块左右,确实是好酒。待被广泛接受以后,有了消费氛围,有了口碑,紧跟着推个五年,卖260块,这个五年是不是更好呢？不是,这个五年就是原来的三年,不过是把三年装到五年的瓶子里而已。而三年呢,被酒精勾兑的所替代。

再过一段时期,又推个十年,卖到380块,手法还是一样,这次增加个被酒精勾兑替代的是五年。依此类推,直到让他们赚到满意的价差。这个过程他们叫"价格发现"。

那么卖得越来越贵,销量会不会减少呢？要知道酒厂考量的不是销量多少,而是赚钱多少。卖十瓶赚十块和卖一瓶赚十块,你说他们选哪个呢？

而所说的价格发现,并不是不断更新以后,120块的就不卖了,或者说销量少了,其实因为利润越来越高,广告投入以及销售力量的投入越来越多,因此消费氛围更加浓郁,再加上上市之初的口碑,可能120块的反而销量更为巨大。

当然这不是主要原因,只是一个方面。还有一个原因是,酒厂没占便宜就感觉自己吃了亏:"别的酒成本都很低,我干吗非得高呢？我也要成本更低化。"这也是酒企的普遍心理。

有酒徒经常说某个酒原来如何好,后来不知怎么就不行了,大概就是这些原因。

　　酒企很享受这个价格发现的过程,不断推新品不断抬高价格,不放过任何一块铜板。但有时候做得过分了,消费者也会不买账。可酒企不怕,哪怕卖倒了一个系列,不过再推出一个新系列,有品牌影响在那里,老百姓总还会再一次信赖。衣不如新,人不如故。换件衣裳,老戏新唱。

企业的手筋(二)

酒徒习惯称一瓶酒为一斤酒,这个称呼是从传统习惯顺延而来,二十世纪八十年代及以前,白酒按照重量来计算,一斤酒实打实就是一斤重。而如今所说的一斤酒,其实是指 500 mL,重量换成了容积。

酒瓶的容积是按照水的密度来计算的,500 mL 水是一斤重。但酒轻于水,500 mL 酒的重量肯定没有一斤,并且酒精度与密度成反比,酒精度越高密度就越低,酒精度不同重量也会不一样。例如 38 度的酒密度是 0.95,500 mL 是 475 克;46 度的密度为 0.94,500 mL 是 470 克;56 度的密度是 0.91,500 mL 是 455 克;而传统白酒都在 60 度以上,65 度的酒密度是 0.89,那 500 mL 是多重呢,这道题留给读者做吧。

重量与容积,原本只是计量不同,可也有聪明人在这上面动脑筋。留意一下会发现,有些我们以为 500 mL 是 1 斤的酒,仔细一看却原来没有 500 mL,有的是 475 mL,有的是 450 mL,居然还有 425 mL 的,已经是买椟还珠了,怎么还不舍得给足量呢?!

按照设计者的想法,酒是论瓶卖的,瓶子里给的酒越少,酒徒买的就越多。例如准备喝一斤酒,结果瓶子里只有八两,那么一瓶就不够了,还得再开一瓶。可再开一瓶喝不完怎么办呢?那酒厂就不管了,反正酒是论瓶卖的,只要你打开了盖,酒就是你的了,钱到了手,你会不会浪费酒厂才不管呢。这有点说不过去,一说酿酒就讲节约,但消费者喝酒你却鼓励浪费。表里不一啊。

但酒厂也有说辞:原本你们只能喝一斤酒,而我让你们开了一斤六两,努努力喝醉,一瓶不就喝完了嘛,多喝点,喝出气氛来。多会忽悠啊,真想和这哥们喝一杯。

可话说回来,酒徒或许还真欢迎。一场酒喝下来,平常两瓶能搞定的结果今天喝了三瓶,说出去面子上很好看:瞧瞧,昨天仨人喝了三瓶。听者以为这三瓶是三斤呢,实际上总量不过两斤半,其中半斤还留瓶里了。也有酒徒会以为,这酒不错,原来喝一瓶就醉了,这个酒一瓶下去正正好,真乃好酒也。其实容积减少了,你的酒量就上去了吗?掐算的就是你的消费心理,这招还真管用。

当然也有酒厂讲究的,小城有酒厂就出过一斤四两一瓶700 mL装的,实惠啊,一瓶酒不是一斤,而是一斤四两,超值!

可酒徒不欢迎,因为原本能喝三瓶的,如今两瓶就搞定,面子上不好看。有时逢到宴会,假设摆上二十桌,每桌开一瓶有一大部分喝不完,太浪费了。总之算来算去,还是500 mL最划算。这家酒厂的超值装不算太成功,后来也换了路子,前面说一斤只给八两半的酒厂里,也有它。

企业的手筋(三)

市场越来越活跃,酒业高人也不断涌现,各种赚钱的法门层出不穷。酒企不管口号喊得多响亮,骨子里从没把酒当作酒卖,酒只是商品,是赚钱的工具。

很多企业从生产到销售,各个环节都追求"利益最大化",这也无可厚非,但一段发展以后,这个目标扭曲了,或者说被过分解读了,包涵了另一个含义是"成本更低化"。成本,没有最低,只有更低。由此而衍生出诸多的奇思妙想。

这种扭曲的经营思想主导酒类产销的各个环节,都积极地希望能短期赚大钱,由此使得市面上的酒类产品过度营销,可以说步步都是消费陷阱。

"成本更低化"这样的口号,是一些企业经营的主导思想,并且搞得风生水起。靠价格优势卖酒行列中,比较有名的是二○○六年前后涌现出来的一家企业。这家企业很厉害,一瓶40度上下的酒卖到几千公里以外,零售居然才5块钱,并且还有现金返利,一瓶酒最终售价不过4块钱,和买瓶好点的矿泉水差不多。可以说卖到哪里哪里火,哪怕小城这里遍地酒厂的也干不过它,没它便宜。

4块钱一瓶的酒是怎么个做法,小庙如今也参详不透,怎么算它都是赔钱的。且不说那个4块的,它后来有款10元一瓶的,也是让人叹为观止。当时勾兑酒每度成本大概在4分钱,40度的酒一斤要1.6元的酒水钱,瓶子8毛,等等,大概算下来一瓶酒的成本就要5块,再加上均摊成本、管理成本、运输成本等等,到终端起码还要转两次手,代理商到零售商都要赚钱才行,十块钱哪能卖呢,利润不够各环节赚得呀。

可人家不仅够,还有广告拉动,而且开箱还有现金奖励,据说最牛时,一箱零售60块,开箱还送20块返利。

这个路子或许是传说中资本运作的方式吧,酒的销售只是承载现金流的工具。例如,白酒行业夏天是淡季,在无锡荡口镇做包装的企业生意也就冷清,而恰恰就在这个时候,该企业开始大量采购包装纸,然后放到印刷厂,当量足够大到够印刷厂每天开工不间断时,印刷厂会选择以最低的价格做它的单子,因为稳定,没有淡旺季也不用再拉别的业务,类似这样的手法该企业应用在各个环节,所以它每一项的成本都比别的企业低。

但只有更低没有最低。南方有某酒企在那个时期也是降低成本,更绝。酒瓶子都不用,直接用塑料袋。塑料袋装的"××酒",估计有些酒友也不陌生。

你想要酒降到酒精的价钱,那就一定会有人做出酒精一样的酒。酒精是酒吗?我想最好的回答是:糖精是糖吗?

这样做比喻也会有人反对,因为糖精是纯化学合成物质,而食用酒精不是。传统白酒中虽然含200~300种物质,但仅占总量的1%至2%,占绝对比重的除了水就是食用酒精,酒精是我们所喝的白酒的主体成分,所以酒精就是酒。但我想反问:没有那1%至2%,还能算酒吗?就像人若没有了灵魂,还算是人吗?所以,糖精是糖吗?!

如今很少有酒厂在认真做酒,都是在认真赚钱,哪怕一些大品牌也是如此,除了主力的老品种之外,五花八门的各种子品牌,副品牌层出不穷,无外乎就是想尽办法赚钱,赚钱。

既是百年老店,你着什么急呢?还有下一个百年,下下一个百年,只要酒质保证了,还怕忽然有一天都不喝你这个酒了?其实就是贪婪,就是急功近利。

据说大厂的研发费也不少,可花在哪了?没花在白酒上,而是花在了白酒市场身上,设计个新包装,研究个新策划。只见酒厂推新酒种,不见酒厂出新成果。当下还有酒厂在研究酒吗?很值得怀疑。

酒,也要发展进步,先不说需要改进的,就连对酒的认识也不全面,酒身上很多谜团仍没解开。而请酒厂扪心自问,白酒让你们赚了那么多钱,可你们除了让成本更低、价格更高之外,对白酒做出过什么贡献没有?

卖酒的不研究酒,研究的是怎么赚钱。那些所谓的经理人、老总们,动辄这个策略那个策略,那叫策略吗?!省省吧,那叫"诈"!

企业的手筋(四)

酒企卖酒,各显神通无所不用其极。

例如有一家银行想拉点存款,酒企就去和它谈,一大笔钱存到这家银行,解决银行拉存款的需要,但银行要答应帮着卖酒。怎么卖呢?一是银行本身要消费酒,然后要让来贷款的买点酒,但这些量还不够大,怎么办?有办法,银行把酒企存到银行的钱,借贷给小额贷款公司,然后再让它们去挖掘那些小微客户卖酒。一个通道打开了,就连接一片新天地。这叫存款卖酒。

看起来酒企划不来,一大笔钱在银行趴着,银行利息能有多少啊,卖酒赚的钱能补得回来吗?还真能。因为存进去的钱是在银行趴着,但银行收到存款后,会给酒企出具等额的承兑汇票。

承兑汇票是种金融工具,银行承兑汇票是银行承诺在未来的某个日期兑现的票据,一般的承兑期限是一年。简单举个例子:酒企拿着 A 行出具的承兑汇票支付给卖酒精的,到了约定日期,卖酒精的拿着汇票交给自己的开户行 B 行,B 行就以此为凭据找出票的 A 行要钱,A 行必须无条件地兑现支付。所以,承兑汇票就是钱。

酒企等于把现金存到银行,但转手又借了出来,不过承兑汇票在期限内不计利息,因此酒企等于什么也没损失。可万一酒企需要用现金怎么办?也没关系,酒企可以拿着票到市场上换成现金,市场上大把的二道贩子等着收票呢,一般一年期的费用在 5 个点。看上去 5 个点也不少,可卖给银行的酒利润何止 5 个点呢。再说了,虽然承兑银行不计息,可酒企存在银行的钱还有利息收益呢,两项相抵,损失不过也就是 2 到 3 个点而已。

而我们要是盯着贴现的点数算酒企得失,它们可能会笑话咱们不懂。酒企在付给别人钱时,承兑是响当当的票子,它们可以直接把承兑支付出去。支付给了供货商,供货商就继续供货,酒厂继续生产继续卖,卖出来又一次收回现金,这时又面临再一次的给供货商支付,哎,到了这里算是个节点。酒企这时手里又有现金了,但这一次还不会把现金付出去,而是到市场上再买张票回来,买来的承兑赚 5 个点再支付给供货商。怎么赚的大家明白了吧:一年期的承兑贴现利息是 5 个点,假如 100 万元的票卖出去,收回来是 95 万元现金,那么说买的话,也只要支付 95 万元现金,就能得到一张 100 万元的票。把这张 100 万元的票当成 100 万元的现金付给供货商,那么酒企实际只支付了 95 万元现金,凭空赚了 5 万元。

诸位,说的可能有点绕,但小庙已经尽可能把这个流程做出最简单的描述。有关承兑汇票里面的事就多了,展开来的话,比酒复杂得多。小庙连酒都没整明白,承兑汇票那些更是不明就里,捕风捉影而已,至于承兑汇票倒来倒去违不违法,自会有人来管来查,小庙就不管了。但我知道有个别绝顶聪明的人,坐在办公桌后面在很低调地当着"资本家"。

企业的手筋(五)

酒的名字起得好,在销售时会加分很多。什么样的名字算是好名字呢,酒企与酒徒理解不同。

咱们酒徒以为,名要符其实,品名代表了品质;而酒企则以为,名不必符其实,只要能让酒徒以为是好酒,那就是一等一的好名字。

大企业都有专门人员围绕酒的名字做文章,想到一个好名字就申请注册。有些酒厂看上去在售品种不多,但若是一查拥有的商标名称可能成千上万。这也是酒厂储备的资源之一,不管现在用不用,想到好的先注册上,以备将来。

商标注册倒不繁琐,简单办个手续就行,可问题是申请周期过长,一般从提交申请到收到注册证要 2 年时间,这还得是一切顺利,万一中间出现争议,可能三五年才能拿到。

商标出现争议无外乎两点:一是名称本身有问题,例如报个商标"毛台",或者报个"奥巴马",这肯定会被驳回。二是和别人的商标有冲突,被争议了,也会被驳回。但好在商标注册收费不高,好像商标局的收费是一千一百块,加上代理费也不会超过两千块,企业不在乎那几个小钱,去注册时一报就是几十个、几百个,注册下来的挺好,注册不下来也没关系,因为好像有条规矩是同一个商标被驳回后,别人就再也不能注册了。所以没注册成功的商标也有价值:别人谁也注册不成。

企业以外,在原来允许自然人申请注册的时候,有一些人以此为业。这些都是聪明人,满世界地找灵感。生财之道无外乎三点:一是卖商标,二是抢注,三是傍名牌。

不过这几年商标法有改动,不再以注册为先,而是以使用为先。原来是谁先申请是谁的,而现在是认定谁先使用是谁的。先使用者得到法律保护,抢注者失了财路。

至于傍名牌,这个做法最常见于酒行业。比如哪个品牌酒卖得好,就会有人在近似的文字或者图案上想办法,以便造成消费者误认。商标的组成用三个字可以概括"音、形、意",只要在这三点上不与其他商标冲突,理论上都能成功注册。

比如你叫"难得聪明",卖的好了就会有效仿者,我也推一个叫"当然聪明",他也推一个叫"百年聪明",别人也可以叫"真聪明""老聪明""绝对聪明",音、形、意有不同,就都能注册下来。这是较为常用的手段。

音、形、意的不同,是否产生冲突,在实践当中正反双方各有理由,界限在哪里比较模糊,牵扯到这类纠纷都会很扯皮。但就算有时候申请被驳回,那么还可以退一步用作产品名称。

比如申请个"十五粮液",这个申请自然会被驳回,但如能证明酒确实是用十五种粮食酿造的,那么把它作为产品名称暂时使用也行,虽然官司会打上几年,但在判决前倒可以用一用。

还有一种傍名牌叫"移花接木",企业一般注册商标时普遍只申请自己需要的类别,做酒的申请商标时,因为白酒在商标分类里属于第33类,所以只注册第33类,不会把其他类别也注册上,一个类别就要交一份注册费,商标总共45类,全注册的话成本高昂。这就为其他行业提供了借用的可能。比如说某个卖香烟的品牌,家喻户晓了,就会有人用这个名字申请注册在酒类上。一旦推向市场了,老百姓哪知道是怎么回事呢?

"移花接木"还有一招更妙,专盯酒类广告,酒在做广告时会浓缩一两句话表达产品诉求,比如某酒说"××酒,天下好酒",广告做的只要多,消费者就记住了。这时就会有人申请"天下好酒"这个商标的注册,过上一两个月收到受理通知书后,直接推出个"天下好酒"的酒来,因为已经被受理,在商标上可以使用 TM 的标识,意思是正在申请中。有时候为了抢占先机,查询一下"天下好酒"只要没被注册,先当成产品名称使用也行。带不带 TM 或者®暂且不管,总之消费者只知道"天下好酒"在电视上天天做广告,哪里会留意这个"天下好酒"不是那个"天下好酒"呢!

另有一种办法是直接夺,这种只适用于非驰名商标之间相互争抢。驰名商标不光是个荣誉,同时也受到特别的保护。举个例子,有一家驰名商标叫

"甲"，另有一家非驰名商标叫"乙"，甲要是看上了乙这个商标，它可以申请一个"甲乙"的商标，虽然乙是别人的注册商标，但两个合在一起时，音、形、意与任何单个都不同，所以很顺利就会注册下来。

可是，乙如要申请"乙甲"的商标的话，那么很抱歉，会被驳回。虽然两个合在一起时，音、形、意也与任何单个都不同，但甲是驰名商标，是被保护的。这个例子只是一个方面，借以说明驰名商标的价值。

非驰名商标之间就好办多啦。比如某个企业推一款新酒，起个名字叫"甲乙丙丁"并申请注册为商标，在收到受理通知书后，就把产品推向市场了。因为注册时间太长等不及呀，所以也只能匆忙用上，好在只要收到了受理通知书别人就是不能再申请了。

经营一段时间后，市场反应一般倒也罢了，但万一要是卖得好，那就有被夺走的可能。怎么夺呢？关键节点在商标局发布"甲乙丙丁"的初审公告时，这个时候只要出手，百发百中。

商标申请注册以后，一到三个月内会收到受理通知书，这个通知书的意义是商标局受理了你的申请，然后是一年或者更长时间的等待，等到商标局审查后认为符合规定，才予以初步审定并公告。

但初步审定公告不等于核准注册，也就是说你仍然尚未取得专用权，只有在公告期内无人提出提议或者提议裁定不成立，由商标局刊登注册公告，该商标才予以核准注册。按照规定，自初审公告之日起三个月内，任何人如认为该商标违反了《中华人民共和国商标法》有关规定，均可向商标局提出异议。

有人就盯着这个关键时间，一旦公告出来，他们会立即提出异议。异议一般会举证申请人是抢注商标。强人因为准备工作做得好，材料很完善，可以证明他比申请人更早使用"甲乙丙丁"的商标，也就是说你申请人是抢注的。这个目的要是达到了，那么商标就归属他了。

虽然被异议，毕竟还有复审，或许复审就会等来公正的裁决。公正一定会到来，这点毋庸置疑。但问题在于，复审又是一到两年的时间。公正来得太晚，会错过最好的时机。

"甲乙丙丁"自申请并开始到被异议这就要两年，再等到复审又是两年，这之间起码是四年时间。就算最终等到了公正的结果，可那人的目的也早就达到了。因为在你没有取得商标专用权时，谁都可以用"甲乙丙丁"的商标，有四年的时间，再好的牌子也被玩坏了，就算给你了又能如何?!

商标里面的门道很多，咱们酒徒搞不懂也不愿搞懂，就看个热闹。

代理商的角力（一）

企业的手筋总还会找一些漂亮的说辞，蒙上一层"温情"的面纱。可代理商与企业间的角力，代理商之间的角力，代理商与监管部门的角力，就时而会用一些特别手段。

有些角力很隐蔽，曾有酒企把"回扣"二字推向极致。朝轻里说它倡导"经手私肥"，朝重里说，定它"商业贿赂"也无不可。其中最早一批也最牛的一个，牌子至今很响，叫××酒，起步在南京。原来酒店终端都是代销，利润一般。这个酒家改了规矩，一家一家地去签协议，要求买断经营，意思是酒店只卖这一个牌子的酒，这个酒厂就按年给酒店一笔钱，叫"买断费"。酒店若不同意也没关系，那么给一小笔"进店费"，总之一个回合下来，市场占有率是有了，大小酒店都有这个酒在卖。

同时呢还有妙招，在酒瓶盖里放5块钱，让消费者有小便宜可占（后来因为被查，改为放美元），同时在包装上做暗记，让酒店服务员可以偷偷收起来到经销商处换钱，这样一来，店主、服务员、消费者都有利，一时风生水起。但几年以后，店主的胃口越来越大，服务员的回扣也越来越高，就恶化而式微了。

据说生意火爆的酒店，进店费动辄几十万、上百万块，而且一年一收，你们说，这酒怎么不在酒店卖得贵呢，酒水自带怎么不是必然趋势呢？

能收下几十万块进店费的酒店，毫无疑问规模一定不小，管理很规范，可有那么一段时期，大凡能喝到的假酒，恰恰就是在这样的酒店里。

现在做假酒的其实不多了，就算是假酒，也与原来意义上的假酒有很大区别。过去，酒的溢价空间不大，做假酒的目的就是冒别人的牌子自己的酒能卖出去。而如今，品牌之间的价格差距巨大，就有商家把别的酒水放到售价高的瓶子里去卖。因此酒厂防伪的办法是层出不穷，每个畅销品牌酒厂都有打假办公室，有专人负责打假酒的业务，具体的办法是在酒的包装上留暗记，打假人员在市场上凭暗记查，查到假酒以后报告给有关单位，然后生产厂家出具一个报告,以暗记为依据证明这个酒是假的。

这个效果其实并不好,因为你留的暗记有时效性,打假打得多了,那么秘密就不是秘密了。因此一段时期后就得增加或更换标记,而你改了暗记以后,不代表原来暗记的产品市场上就没有了,所以有时候很扯皮:你说我的暗记和今年的不对,但我的酒是去年进的货,怎么办?这里面也有博弈。

好在有些大品牌这些年搞了个原产地保护的标志,据说这个东西很厉害,造假酒的造了原产地保护的品牌酒,抓到必判刑,不同于不带这个标志的,一般罚款赔偿了事。

但原产地保护就没有假酒么?一样有。而且造假的不是别人,就是极个别利欲熏心的小代理商。因为他本来就是酒店和超市的供货商,有这个便利,谁也怀疑不到他。

代理商的角力(二)

在酒店消费酒水,一般服务员把酒拿来后就打开了,咱们也不看,当然若不留意看也看不出来。比如说,哪怕是你自己带来的酒,交给服务员打开酒盒时,服务员会把酒盒撕得很完整,甚至是用指甲或者刀片从分割线很整齐地切开,那么你就要小心了,你可能在为造假酒的提供便利。因为你喝完酒,不会把酒盒酒瓶再拿走,而这些东西就是造假者最需要的包装物。

供货商会事先给服务员打招呼,空酒盒几块钱一个,空酒瓶几块钱一个,破损的有破损的价格,完整的有完整的价格。你一走他就能换到钱。其实就算你破坏性地拆解也不行,因为你和隔壁房间所撕的不会是一个位置,那么就还能拼接。

包装搞定了,酒水怎么办呢?

先说怎么灌装的问题。现在都是防伪的酒盖,好像是只能倒出来不能倒进去,但假如咱们较真的话,不是倒不进去,只是倒进去有点麻烦,倾斜45度,保持空气流通,是能倒灌的,只不过看上去造假酒的制假成本高,不可能这样干。其实这个想法是咱消费者的想法,酒厂和造假的都知道,这个防伪的酒盖,很多也就是给咱消费者看的摆设。

当时流行的做法是给酒盖打点滴,就是医院的吊瓶,把假酒用吊瓶的方式给灌进去。不管你的瓶盖是啥材料,总有针头能洞穿,咱还真的不能不佩服。用这种办法比较慢,一天也灌不了几瓶,但这几瓶就能卖出上千块,对于小商家来说也是不小的诱惑。

那灌进去的是啥酒呢,一般情况下还真喝不出来是假的。

每个酒厂都有自己的风格,不同产品虽有差别,但风格相近。同样是38度的酒,造假的不过是把便宜的装到贵的那个瓶里。甚至有时候,便宜的和贵的其实根本就是一个酒,只不过价格不同包装不同而已。

比如有家酒企,有三个酒水仓库:1号库、2号库、3号库。不同定位的酒水不管怎样变化,都是从这三个仓库中来。例如3号库是好酒,那么主产品也好,副产品也好,开发酒也好,这个3号库出的酒可能就有几十上百个产品系列,这些产品其实大同小异,但价格定位却有不同,有的阳春白雪,有的下里巴人。把便宜的转到贵的瓶子里,你说消费者怎么能敏锐地感觉出来呢。

贩假者盘算的是经济账,哪怕卖十次,被抓三次,也不过是均摊处罚,利润降低了而已,总体还是赚钱的,既然能赚钱,那就还得继续干。这就是一小撮人的非法谋财之道。

代理商的角力（三）

有一些酒商思路不同，场面大利润低的不愿做，专盯着单笔利润高的生意，赚一次算一次。搞个系列产品，然后大量招募业务员满世界跑，就靠招商盈利。招商目标很清楚，两个条件：一是完全没有白酒从业经验的；二是在当地有社会关系的。

没做过酒的好忽悠，因为他对这行不懂，在某某品牌大旗的感召下，容易被说服。没做过酒同时又有点社会背景的，既有人脉又有资本，那就更是上上之选。

这位可以不是某某长，但若在一些团体有些实权，这个生意就会很好做。不管他是不是正经创业，反正他是这些开发商的首选靶子。他有资源，能把酒卖到不可思议的高价。

专靠招商盈利的有一些是大品牌的开发商，这些人路子野，能傍上大品牌，有大旗在手，招商自然容易不少。

开发酒这个概念，多数人可能并不了解。具体做法就是，引入外资来酒厂开发子品牌，不管你是企业还是个人，只要拿钱来，取个名字就开卖。

例如，大家知道有个甲酒，是乙酒厂出品，但甲和乙这两个企业只是贸易关系，甲从乙那里买自己想要的产品，也是因为乙的那块金字招牌。

就开发酒来说，甲倒没有故意混淆视听，做广告从不忘提高甲的品牌认知，这一点得表扬。但大多数的开发酒则要批评，他们更多是把卖点聚焦到生产者的招牌上。现在有些甚至更进一步，直接就在金字招牌下面挂个副名，比如××牌××尊酒、××牌××妙品等。宣传中时刻不忘提醒消费者，这是某某酒厂的精心打造。

消费者看到这些开发酒，还以为真的是酒厂新产品呢，其实这只是开发商开发的专属于自己的商品而已，与那款被消费者信赖的主力产品一毛钱关系都没有。这样的酒统统属于流氓酒，小庙坚决不喝。为什么不喝呢？这就与开发商的经营有关系了。

　　通常情况下，酒开发商在开发某一品牌时，最少要开发三个档次，即高、中、低三档。在招商的时候，他会给代理商限定进货时三种档次的搭配比例。

　　例如，要求代理商首批拿货不低于 50 万元，这其中高端酒不低于 10 万元。同时给代理商一些折扣，例如 50% 的返利，或送一辆汽车什么的噱头，以此促使代理商接受这个条件，总之要达到的目的就是必须保证高端酒的比例。

　　这 50 万元中的 40 万元中低端利润很低，让代理商以为真的"成本更低化"了，而那 10 万元的高端，利润却是最高的部分。除去销售成本以外的纯利润全指望在这 10 万元里赚呢，可想而知，所谓的高端其实是什么货色。

　　一般这些挂着副名字的酒都很会伪装，首先包装非常高级，让人感觉比主品牌还上档次，但价格却比主品牌便宜。会让你以为，这是让利于民呢，这么大的企业还是有保障的吧，就是这一轻信，掏了钱，嗬，当了冤大头了。而酒企，廉价透支了自己的信誉，却为贱卖了信誉而换回来的蝇头小利沾沾自喜，说不定还要为出这主意的贼人开庆功会呢，因为他赚了钱。至于信誉嘛，换不成钱则狗屁不是。

代理商的角力（四）

从严而论，国企改制后的个别大厂也不比小酒厂强哪去，都在想方设法地赚钱，赚钱多少是衡量发展的唯一标准。

按说一个产品的代理商，必须在当地有一定的商业基础，比如得有一个销售团队，流通也好，餐饮也好，有自己的商业关系以及售后保障等等。但现在他们招商其实不看这些，重点看的是你是否有钱，看你一次能拿多少钱出来。说白了，就是在赚代理商的钱，好在这个赚完了，还有下一个。

一般大品牌都有自己的主要市场，前几名的大牌子，各自的市场都有重点，某个城市的老百姓就认某个牌子的酒，那么这个市场就得重点保护，说具体点就是广告多投、人员多上、严防窜货。酒商最重视窜货，若是仔细分析窜货现象，此中博弈煞是有趣。

北京的酒企在上海的代理商，大多是上海人。但现实可能是，上海的代理商是北京来的人。他之所以去上海代理北京的酒，目的不过是再发回北京卖。因为北京是这家酒厂的重点市场，老百姓都认，只要稍稍便宜些，就能很快完成销售任务，拿到返利。这就是所谓的窜货。

"窜货"这个词不知道是谁发明的，细究起来有点霸道，一个市场化的商品，我在上海买来拿到北京卖，这就算违规了，上海的代理商就得受罚。别说是卖了，哪怕消费者从上海超市买了酒，带到北京去喝，被发现了也算是窜货，上海代理商一样受罚。这都有实例啊，小城本地有家品牌，就是这样干的。有位街坊是这家企业的代理商，就因为窜货的条款，被没收了品牌押金，一下就把几年来赚的钱都搭了进去。

酒厂和代理商之间，一个愿打一个愿挨，合同怎么订的咱们没兴趣了解，但从酒徒的角度来讲，窜货防范的到底是谁呢？细细琢磨，其实防的是老百姓。那意思好像就是说，你越是喜欢这个酒，越是不能让你买到便宜的。

这很奇怪。你若是开个饭馆，有熟客天天来，你也得打打折吧。卖酒的就不这样，你越喜欢我就越是保护市场，这叫"利益最大化"。

利益最大化就是要在能卖高价的地方尽量卖高价，在不能卖高价的地方如果代理商低价也卖，那就要严防货物回流。细说就是酒厂把酒卖给代理商，却不允许代理商卖便宜了，售价要一致。其实你乖乖地做好你的重点市场不就好了吗，从根本上说就是贪婪而已，就是想多卖点酒，多赚点钱。这些个弯弯绕，大家心里都明白。那些心怀鬼胎的代理商要赚你的地域差价，你想的却是再反过来罚人家钱。这一出捉放曹的好戏，背后就是一个字：钱！

酒企不会因为你支持其产品就优惠你，反而因为你喜欢，因为你消费成习惯上了瘾，它们更加贪婪。

窃以为，酒徒如果方便，大可以其之道还治彼身。如到北京出差，别忘在上海买瓶酒带过去喝。喝完了把瓶子留在餐馆里，就故意窜他的货，让酒厂和代理商扯皮去吧，爷们看着高兴。

"买椟还珠"新解

"楚人有卖其珠于郑者,为木兰之柜,熏以桂椒,缀以珠玉,饰以玫瑰,辑以羽翠。郑人买其椟而还其珠。"(摘自《韩非子·外储说左上》)

读这个故事,若以当今白酒而言,可以解读为酒厂善卖华丽包装的酒,而咱们酒徒却不善于买真正的酒!

不是酒徒不聪明,而是商家极狡猾。

一瓶酒里到底有多少钱是酒的价值呢?不妨概算一番,先从广告说起。

广告业有个说法是,每一百份有效传达的广告,会有 5 个人关注,2 个人产生消费倾向。

举例某个城市的主流报纸,每期发 5 张纸,就是 20 个版面,咱算一下,这份报纸的主要广告版面假设有四版,就是封面、封底,加两版插页,每版的广告成本最低也要 0.2 元,0.2 元乘以发行量就是一版广告的成本价格。

最理想的计算是,一份报纸 3 个有效阅读。有效阅读是纸媒的说法,如果是电视等形式的广告,那得用收视率来换算,不同形式的广告有不同的测算方法,咱们在此仅仅以报纸为例。

要有效传达给 100 个人广告信息,按照一份报纸 3 个有效阅读来计算,就得 33 份报纸才能达到,那么也就是说广告投入 6.6 元就能卖掉 2 瓶酒,折合每瓶酒的广告成本是 3.3 元。

但报纸的广告不零卖,根本不可能如此精准。发行量本来就是个很诡秘的事,更不要说有效传达了。从卖酒的经验看,一般是理想计算的三倍,就是每瓶 9.9 元,四舍五入算 10 元。

再假如这个酒是 100 元上下的主流价位,大胆设到 120 元的销售价,我们来看看会是啥样子。

零售 120 元的酒,超市要赚 10 元吧;经销商要赚 20 元吧;送货员、理货员、促销员加一块,也要 10 元吧;卖 120 元的酒,酒瓶、酒盒、酒箱、运输、仓储、促销品等等加一块，也要 10 元吧；再减去广告 10 元，还有多少？60 元！

假如这瓶里的酒是固态发酵，储存 3 年的好酒，一斤 40 元是合理价格吧，60 元减 40 元，还有 20 元。这 20 元是酒厂的利润吗？不是。因为还有税。

40 元的酒加包装物流等等 10 元是成本，50 元到 120 元之间有 70 元的毛利，这个 70 元里面起码要缴纳 17％的增值税，即 11.9 元，好了，这时候毛利润出来了，是 8.1 元。一个成本 50 元零售卖 120 元的商品，毛利率只有 8 元，不到 10％。这生意还能做吗？

怎么办？变通。一是固液结合，毛利立即增加 20 元，这就能赚到 28 元了；二是勾兑，又起码增加 10 元，这就能赚到 38 元了，达到这个毛利，酒企才算有利可图。

而反过来看，这个计算结果揭示的真相是：如果是勾兑酒的话，120 元买来的酒，酒本身只值 10 元钱；哪怕是固液结合，也不过只是 20 元。买椟却无法还珠。

这个算法对不对呢？小庙不是行家，既没卖过酒也没做过广告，纯属瞎琢磨，想哪说哪，权作笑谈吧。有高人看到，尽管斧正。

小城故事之不才陈万能

这一章讲了这么多，都是烦恼事，写满郁闷，相信酒友读着也高兴不起来。改改路子，讲讲喝酒的人，放松一下。讲故事我不在行，都是平铺直叙，没有跌宕的情节，好在没有虚构，皆有所闻有所见，诸位酒足饭饱后歇歇神，抽根烟看看权且消遣吧。

有句话说"烟酒不分家"，意思是说烟和酒是绑在一块的绝配，现在超市里经常有品牌酒搞促销，买瓶酒送包烟，估计也就是这个意思。小庙看来，烟，能不抽最好不抽，尤其是喝酒的时候，一旦有烟味，酒的味道就跑偏了。

酒友之中，烟酒不忌的占大多数，有一位陈先生是高人，人称"三根火"，意思是一天只用三根火柴。陈先生早上醒来点上烟，抽到走出门；走出家门点上火，晃荡一天直到回家，这期间烟不带灭的，一根接一根地续着；回到家洗把脸，再点一次就直到安歇。是否真是如此，无从查考，但这个绰号起码说明此人烟抽得厉害。

屈指算来，陈先生如今也该六十多岁了，据说身体仍很健朗，依然每天三根火。我就奇怪这烟怎么就没要他的命！

有些人，刚认识时泛泛而已，交往时间长了却成为知心好友；而有些人，初次见面很是钦佩，相逢恨晚，时间长了却不胜其烦，甚至躲之不及。恰巧，陈先生就是后者。

陈先生酒量奇大，酒风尚可，就是有一样很讨厌，喝多了爱吹牛，而且吹得大，不知根底的乍一听，很容易被他整蒙了。

例如一次酒宴，在座的有位挂子行的老前辈，很是令人敬仰，话题自然围绕着他聊。咱们外行人在行家面前就想探听点稀奇，所以尽聊些南拳北腿内外家的皮毛引老先生的话头。聊着聊着聊到了太极拳，斤把酒在肚的陈先生，听了半晌，扬起半红脸插了一句："那个陈氏太极，其实是我创造的。"

陈先生若有其事，侃侃而谈："上世纪 70 年代末，太极拳已经绝迹，只剩下个名字，其实是个空壳。伍主任（当年国家体委主任伍绍祖先生，他称呼起来跟老表似的）找到我，非让我把拳谱给他补齐喽。却不过情面，我写了一套拳谱给他，可我也记不太全，中间有些招式是我当时现编的……"

这当着行家现编瞎话，你说大嘴巴子是该抽他左脸呢，还是右脸?!

还是人家江湖人有涵养，老拳师听完不说话，跟没听见一样，置若罔闻，神态安详。酒宴散后，一一握手道别，不显露丝毫不快。据说很久以后，老拳师在闲谈中提起过陈先生，他说："那位朋友很有趣。有趣！有趣!"

陈先生的职业与爱好有关系，他天生爱热闹。爱热闹就得往人多的地方凑，哪里人多呢？婚丧嫁娶的人最多。陈先生也是热心肠，谁家有事，他是忙前忙后迎来送往，不辞辛劳，再加上能吹好说，又天生的大嗓门，逐渐成为红白事上有名的"大总"。

第一次见陈先生是 90 年代初，本家里一位女性出嫁，按老规矩要晚辈里边选代表去男方家送亲。我这一辈同族堂兄弟有二十多，我排行最大，就带两个堂弟去了。男方家请的"大总"，就是陈先生。

到了那里就坐上了主桌，人家六个人陪着就喝开了，从中午十二点喝到下午三点多，不管我们怎么推辞说不能喝了，人家就是不上饭。中间我坐不住出去如厕，看到满院子二三十桌酒席都没上饭，全等着呢。回头我就问陈大总："怎么不上饭呢？"陈大总笑眯眯地说："得让你们喝好呀，你们喝好了辞个盅就开饭。"

我想起来，来时就听大人交代"辞盅"的规矩，但给忘得死死的。年龄小呀，第一次经历这场面，当时把我臊得无地自容。

所谓"辞盅"，意思是家里来客人喝酒，酒席上说不能喝不算数，那是客人在谦虚，非得客人向主厨的敬杯酒，说一句酒够了，赏饭吧，这才是真的喝好了。

陈大总当时带着我就直奔大厨去了，人家厨头等着呢，见我来了作个揖说"多喝点啊"，我也作个揖，说"酒够了，赏饭吧"，恭敬地端杯酒递过去，厨头一饮而尽，回头喊了一声"上汤"，这才开蒸笼，上下饭的菜。也是因为那次怀羞，后来就特别留意这些喝酒的细枝末节，渐渐地也对酒产生喜爱。

"大总"是个俚语，具体是干什么呢？大家看《红楼梦》第十三回："秦可卿

死封龙禁尉　王熙凤协理宁国府",王熙凤当时干的事就是大总的一个部分,总揽一切内务;大总另一个部分的工作我觉得应该是"祭司"。不管红白事都会有祭祀活动,大总在总揽内事以外,还得负责安排指挥有关祭祀的事项,也就是负责礼仪活动。这个祭祀部分也是大总最出彩的部分。

祭司又是什么呢?据说上古时候负责祭祀活动的术士叫祭司,后来演变为一个专门的职业,从事这个职业的人叫"儒生",起初,儒生的专业性很强,后来因为民间祭祀活动的需要,儒生逐渐世俗化,成为谋生的手段。

例如至圣先师孔子名丘字仲尼,据说也曾是专做"相丧"的儒生,放在陈先生这里做个比较,孔子也就是专做白事的大总一名。不过孔夫子道高一筹,搞出了学说,称为儒学,被尊为"至圣先师"。而陈先生的同行们,一代代衍生下来,连儒生二字也不敢自居,只以大总自称了。

以上是玩笑话,但因为这个玩笑,陈先生被小城百姓称为"陈孔子"。被人叫了一段时间的"孔夫子",陈先生觉得孔子也不能比拟他的多知多懂,索性自封了一个绰号叫"陈万能",陈先生甚是自得,若有人还称其"陈孔子",他必作谦虚状予以纠正:不才"陈万能"。

陈万能喝多了吹牛原本也不是大毛病,说大话吹牛的人多了去了,很多人酒后吹牛是管不住嘴,酒醒了一回想,恨不得抽自己大嘴巴子,第二天见了人惭愧得不行,这种吹牛的兄台不算吹牛,最多是不严谨,无伤大雅。

最可恨的酒后吹牛嘴忒损的那类人,抬高自己,贬低别人,以诋毁与己无关的一切为能事。

陈万能一次酒后,躺在澡堂子里捏着脚,悠然自得。听得旁边有几个人在说闲话,谈到城中两口子的离婚事件,大家替女方委屈,一致谴责男方。这就是说闲话,扯闲淡,这种蜚短流长到处都是,某个人想添油加醋现编点佐料,都会从"我听说"这三个字出发。以"我听说"作为谣言的开始,鲜明地代表了传谣人立场:造谣可以,但要先把自己摘出去,以免把谣造到自己头上,殃及自身。

陈万能是奇人,只要能显摆自己,引人侧目,不惜自我牺牲,但凡有几声赞叹,简直是无上欢愉。

听到大家聊得差不多了,陈万能坐了起来,喝杯茶漱漱口,作势给旁边众人敬敬烟，然后盘好腿摆正坐姿，小烟卷猛吸几口，开腔了："你们啊，只知其一不知其二。他两口子离婚，不怨男的，也不怨女的，其实都怨我。"

闻此言满座皆惊，人家这城中巨富的两口子离婚，怎么会怨你这个胖老头呢？人在感觉离真相很接近的时候都是按捺不住地好奇，七嘴八舌地追问："怎么怨你了呢？"

陈万能续上一根烟，满腹心事，一脸愁容："唉，其实吧，我都这把年纪了，她别说离婚，就算没结婚，我也不能娶她呀。最近我都不敢回家，只能在澡堂子躲躲。"

说完这段话，陈万能"陈情圣"丢下一圈目瞪口呆的围观群众，趿拉着拖鞋，肩膀搭着破毛巾下池子又去洗一遍。这一遍洗得舒坦，全身泡在温汤里，闭着眼睛一想，自己在不明真相的群众眼中的神秘形象该是如何高大完美，乐得酒糟鼻子直哼哼，欲仙欲死。

陈大情圣池子里泡了一会，意犹未尽，琢磨着还得再添油加酱一番方能过瘾，连忙爬了出来，嘴歪眼笑地又朝大厅里去了。

未及走到大厅里面，刚到门口，满堂喝彩轰然而起，陈大情圣很得意，很亢奋，顾盼群雄舍我其谁之感油然而生。正想咧开臭嘴亮个嗓，突然面前一黑，说时迟那时快，一把大茶壶连汤带叶地就劈头砸了过来。澡堂子里的瓷茶壶，足有两斤多重，再加上满满一壶水，这一家伙，把陈万能砸得"哐当"就倒下了。从里面"噌、噌"冲过来俩小伙子，作势还要打，被热心群众给拦了下来。

陈万能看有人劝架，也不怯场，嚷嚷着要给这个局长那个市长的打电话。呸，人家也得认识你。

劝架的一打听，俩小伙子原来是女主角的娘家侄子。高高兴兴来洗澡呢，却听一群人叽叽喳喳地传陈万能的艳情故事，虽是离陈大情圣造谣伊始不过短短十几分钟，已被演绎得香艳露骨。谣言一旦出生，成长得特别快，尤其是闲人扎堆的地方，顷刻间故事结构丰满，细节刻画传神。一众闲汉说得眉飞色舞，不料俩小伙子听得恨从心头起，恶向胆边生，事关家门清誉，是可忍孰不可忍啊。

听到陈万能还在池子里，俩小伙子就沉住气等上了，定要等他走上来，在人多的地方打。及至老陈一露面，满堂喝彩声起，小伙子们龙腾虎跃，迎头痛击而去，雷霆万钧。

隔着劝架的人，俩小伙子问陈万能："你服不服？"老陈理亏，长吁短叹。相熟的街坊了解陈万能此等闲人色厉内荏，劝解一番，把老陈架起来送到了里间。俩小伙子出了恶气，扬长而去。

一场风波顷刻消散，可惜没见陈万能施展陈式太极，算是一憾。深藏不露乎？！

兴之所至，无所不为。因为喝多了吹牛挨打，在陈万能的履历里也不是一次两次，但就是忌不住嘴，油嘴滑舌，讨厌至极。好在有副热心肠，谁家有事用得着他，还真是尽心尽力。毁誉参半吧。

像陈万能这样的兄台，社会上真不少，亦正亦邪。但别以为莽汉就一定浑浑噩噩，看似没心没肺，若是偶尔被什么蜇一下，立即原形毕露，直面真心。温情起来，也细腻得令人唏嘘。

距小城三十里，某个乡村开了个土菜馆，传说很是正宗地道，一时间食客趋之若鹜。酒友邀约，去了这家土菜馆验证土得掉渣的老传统，席间除了陈万能高谈阔论以外，众人酒都喝得很温和。这也算陈万能的长处吧，一斤酒下肚，飘飘然就兴致高涨，随便起个话头，他就能滔滔不绝，有时也妙语连珠，让人忍俊不禁。

因是中午，都没闹酒的意思，消消停停，喝得差不多了，让老板上主食，主食品种还真不少，陈万能听完老板介绍，不假思索就点了炒面。

顷刻，炒面端了上来，出乎意料，炒面竟然不是炒面条，而是炒面粉。

在面粉里掺上芝麻、白糖，用炒锅干炒，把这面粉炒脱了水，炒熟了，然后冷凉，吃的时候用开水一烫，搅拌得黏稠的一碗，是谓炒面。炒面这个东西易于长期存放，因为脱了水，所以不容易坏，在原来最是适合出远门的旅人，如今基本绝迹，因为真的不好吃。

陈万能抄起炒面吃了几口，就唏嘘不已，而后借着酒盖脸，居然嚎啕大哭。

陈万能小时候在农村，家庭条件很一般，能吃饱但吃不好，用老话说有点"缺嘴"。上面有几个姐姐，陈万能是唯一的男孩，万里良田一根苗，很是受宠。

那时候家家都烧的土灶，本地话叫"地锅"。在靠着锅沿略高的地方，会系一个铁皮做的大肚窄肩的"燎壶"，燎壶的燎字就是烟熏火燎的意思，做饭的时候，灶膛里的火苗窜出来正好燎到壶底，一顿饭做好，这燎壶里的水也就被燎开了。向智慧的劳动人民致敬，啥叫充分利用能源，燎壶就是一例。

燎壶也能热酒，酒徒冬天想喝口热酒，把酒灌在燎壶里，然后款款坐下来，在灶灰里埋个玉米或是一把蚕豆，帮着添柴拉风箱。妇人做好了饭菜，他把棉袄一脱，扒拉出下酒的小菜，趁着灶灰的余温把燎壶稍烫一下，仰身朝柴堆上一倚，慢腾腾的就是一醉。

陈万能家的燎壶是陈万能的专用。陈妈妈贴出几个杂面饼子，再搅上一锅玉米粥作为一家人的晚饭，然后把燎壶取下，给陈万能烫上一小勺炒面，至高享受啊，不仅是白面，而且里面还有糖，白糖。

有时候陈万能一觉醒来，夜半三更的吵着饿了，陈妈妈也会起床去再烫一碗炒面。陈万能说，整个童年最惬意的就是寒冬腊月里，老母亲把炒面端来，自己趴在被窝里吃的时刻。陈妈妈坐在床头，一手扶着油灯，一手端碗热水，又怕儿子冻着又怕儿子噎着。但凡儿子能抬头一看，油灯光定是映照出且怒且喜的慈爱光辉。

陈万能泣不成声。五十多岁的老汉，想妈妈了。

或许也有自责，十六七岁进了城，先顾自己，后顾老婆孩子，然后还是顾自己。终老在女儿家的陈妈妈，临走时只埋怨儿媳妇不好，不让儿子来送自己最后一程。

树欲静而风不止，子欲养而亲不待。

人间至憾莫过于此，伤其心，痛其骨。

第四章

追寻历史的脚步

拂去尘埃，还原传统白酒本来
面目。然芳踪匿形，唯留旧影与史
料。酒徒抚牍追想，如风过耳，无
限感慨。

白酒国标之惑

白酒，有三套制作标准：一是固态标准，二是固液结合标准，三是液态标准。

固态标准明确规定要以粮谷为原料，经传统固态法生产，未添加食用酒精以及呈香物质；固液结合标准要求每瓶酒里固态酒不低于 30%；液态法则允许勾兑。

酒徒可以理解为除了固态标准以外，别的都是勾兑。每一瓶成品酒都会标注执行的是哪一套标准，这个标注算是一个承诺吧，起码是酒厂宣称产品达到了国家标准的要求。

例如一瓶超市零售 10 块钱的酒，仔细一看居然也是执行 GB/T 10781 的国标，并且还是优级，这很明显不合常理啊。按照 3 斤粮食一斤酒的算法，这瓶酒原料价格就得 5 块钱，场地、人工、水电、税收什么的均摊下来也得 3 块吧，酒瓶酒盖怎么也得 2 块吧，这就 10 块了。从生产到流通再到零售，你们都不用赚钱的吗？全学雷锋？就算你们学雷锋，税总是要缴的吧？睁着眼睛说瞎话，无耻之尤。

这个例子只是从价格上来推算所标注的执行标准与品质不符，可那些比较贵的，动辄一百两百块，就很难从价格上反推出来。价格不说明品质，执行标准也不说明品质。

酒厂的产品是否真正执行了国标，监管起来不容易。生产领域，执行什么标准，只是备个案就行，至于是不是真的执行了这个标准，当地管理部门很难监测，尤其一些规模较大的企业，在社会上有一定影响力，也无形中增加监管难度。

流通领域监管起来更难，比如检测一个酒的执行标准是否与产品不符，有关部门先要去抽检，带走几瓶去做检验。但检验是要收费的，钱谁来出呢？按照规定是不允许让被抽检一方付费的。

除了标注与内在不符以外,酒徒还要注意 68 度以上和 25 度以下也是重灾区,2007 年以前酒精度的上下限是 59 度和 35 度,2007 年 5 月 1 日实施了新规定,68 度至 25 度以外,由企业自行设定标准,标注时是以 Q 开头的一串号。这个 Q 是企业的企字的第一个字母,按照规定,当企业设定企业标准时,必须要高于国家标准。但 25 度以下和 68 度以上国家没有标准,那么企业的标准会是什么样子,只有企业主自己知道。

继续说固态标准,这个标准中本来就有三个等级:优级,一级,二级。且不管他这三个等级的区别,关键是,这三个级别都不允许添加食用酒精,必须是粮谷固态发酵的酒水。这个标准是最低要求,就是说你酒厂的产品只要是执行这个标准,就不能是勾兑酒。这也是最高标准,因为酒厂能做到固态发酵就到顶了。

三瓶酒,最贵的是国标,而便宜的却是企标,不合理吧?因为企标要高于国标,那么标注 Q 开头的就要比标注 GB/T 的更好。但怎么好酒反而是便宜的呢?

其实最贵的确实是好酒,所以注明执行了国标。但如果便宜的注明是液态的,那么消费者不就识破了吗?所以在做便宜酒时,再自订一套略高于液态国标的企标,若是较真起来,他有说辞:这是参考国标制定的企标,高于国标的就行了。

大凡一个人,扬长避短情有可原,咱们不要求商人要多么诚实,你个头矮,你可以描述自己不高,你胖,你可以描述自己不瘦。但你非要把矮说成高于海拔多少米、胖非得说成达到人均体积多少倍这样的漂亮话,这就透着品质问题了吧。

酒品如人品。这句话不能是只用在喝酒的人身上,用在造酒的人身上也合适呀。曾听某个企业开大会,"一把手"说:你们首先要学做人。嘿嘿,你一边打着传统白酒的旗号高价卖着勾兑酒,一边要求员工学做人,你让他们学什么呢?!

真心做酒折戟沉沙（一）

过去多年的酒业发展，套用经济学的话说是"劣币驱逐良币"的过程，这个过程太长了，而且越演越烈。

相信酒香不怕巷子深的老板，一百个里有九十九个是从别的行业转行过来的。这些老板们是非常脸谱化的。我简单勾勒一下：四十岁到五十岁之间，可投资金在三千万元以下，在原行业发展遇到瓶颈想寻找新的机会，同时非常爱酒。

都知道酒若卖开了很赚钱，但这钱是如何赚法，这其中不足为外人道的法门他却不懂。只是一厢情愿地想，就算卖不开也不会赔太多，因为投入基本是固定资产。

这些外行老板转行过来，首先要买个厂，因为有钱，租别人的是不愿干的，自己建厂也不是不可以，但建厂后再去批生产许可证周期太长，等不及，所以都是选择购买一些有证的小厂。其实酒厂不值钱，酒厂一般都远离市区，在郊外或乡镇，一二十亩地，二三千平方米厂房，土地一般是半批半租不值钱，房屋以及设备也不值钱，值钱的就是那个生产许可证。

大致买个这样的酒厂五百万元左右是绝对可以的。老板们不在乎五百万元还是一千万元，因为有固定资产在这里，就算想转手也亏不到哪去，所以在买厂时都很豪迈。

买厂以后要定位产品，就在这个环节选择摆在他们的面前。

他们这时候已经对酒行业很了解了，如果想赚钱就是勾兑，找个好师傅把味道调好，然后借鉴一套适合自己的营销方式，以销定产，这是正途。

可这样做的缺点是投资大，风险大。卖起广告来，可比买厂时的资金需求量大得多。这个时候就开始犯嘀咕了，积极？还是保守？

选择积极方向的有一小部分能成功，而选择保守方向的，结果都是全军覆没，无一幸免，例子一举一大堆。

选择保守就是选择不对市场进行投入。他们这时候的思路就统一到一个模式上来，不管前面各个老板是何种原因转的行，也不管这些老板天南海北甚至生活的时代差上多少年，到了做出保守的决定时，他们就好像同一个人似的，说辞高度接近。

这个保守的经营思维是：一不做广告只做好酒。这样就算卖不掉我还有酒在，钱没随着宣传打水漂。二好酒便宜卖。和勾兑酒比质量，把营销的费用让利给消费者。三渐进式发展。赚了钱再做广告，循环投入逐渐做大，做成百年老店。

就这个思路，二十年里我见过五个。想法到这里就高度接近，结局更是完全一致。他们此时还不知道啥叫"心碎"，因为他们还没有经历未来。

酒企首先是个企业，它的功能是融资投资，资本是逐利的，不盈利就贬值。所以一旦投入，现实立即照亮理想，逼着不得不去赚钱。

保守型的之所以失败，归根结底是时势所逼。在导向一致的单边市场，无论谁逆势而为，最终都会粉身碎骨。

从兴趣出发，这个提法这两年很多人在提，我个人的观点是从兴趣出发而最终有所成就的，其实并不多，偶尔有一些出现，好像就是普遍规律了，其实，那或许只是特例。

对于咱们普通人来说，职业的选择多数是被动的，被动地被推到某一个位置上，从此为一份单调的工作而日趋平凡。偶尔夜半梦回，想来青春远去，暗自一声叹息。理想依然存在，不过闲置太久，落满了灰。

有些生意人，剑走偏锋，目光独到。酒企中也有这样的高人，但成功的不多。理念都挺好的，酒做的也正派，但后来逐渐悄无声息了，让人为之惋惜。

打个比方吧。广州人在北京的觉得炒肝好吃，就想我去广州卖炒肝去，因为广州现在没有卖炒肝的。其实细想想，过去几百年，聪明人多了，怎么可能就只有你能想出这个绝妙主意？现在广州没有卖炒肝的，是因为前面所有去卖炒肝的都失败了，你去了也一样。

但反过来，广式早茶在北京很有市场，开了很多家都挺受欢迎，这时候你去开一个有点特色的，可能就会另有一番天地。

可能说得有点乱，总结一下，要表达的是，在导向一致的单边市场，谁也别想逆势而为,酒这个行业也不例外。任何人抱着改变的想法进来,结果要么被同化,要么被赶出去。

那些巷子深处造好酒的,大多成了悲情英雄。

真心做酒折戟沉沙(二)

砍下悲情英雄头颅的凶手中,酒徒也难逃干系,因为酒徒的消费习惯是其中最锐利的那把刀。

你去买酒时,哪一个不被广告引导?你去超市买酒,一个天天做广告,一个没做过广告,一个名人做广告,一个没有名人做广告,你选哪个?那些不做广告的酒,尤其是新牌子,你会主动选择尝试吗?你试都不愿意试,这个好酒还能有机会吗?

当然,总会有人去试,名气慢慢会有,是金子总会发光。可金子发光并被你看见是需要时间和成本的,一瓶酒,它出现在你的消费场所是要花钱的,它的成本在增加,它等不到你留意那就得凋谢。

所以,有酒友说"曾经偶尔买过啥啥酒挺好的,再买就买不到了",基本就是这个原因。

咱们被广告所引导,表面上看咱们对商品是主动选择,其实我们主动去购买某个酒时,已经是被引导的结果。

咱们不仅非做广告的不买,广告不好也不行。就算广告打动我了,商品不漂亮还不行。咱们对包装多挑剔呀,你看眼前那些名酒,哪个不是在包装上下足了工夫。

以上咱都满意了,没有促销还不行。那个牌子一瓶酒送盒 20 块的烟,你这牌子起码送盒 10 块的吧。唉!

假如 120 元,让你买瓶没有广告、没有包装、没有促销的光瓶酒,你买吗?

洋酒可能会买,国产白酒肯定不会买。这就是消费习惯。

酒香不怕巷子深?听错了吧,原话可能是:酒香就怕巷子深!

也有一些不服的,前赴后继转行过来。但像悲情英雄们带着情怀做酒的不多,多数是看中了酒水利润大,仗着自己有钱有势就想投资进来。曾有一位巨富之家的掌门人,当年到小城来投资酒企,动静闹得真叫大,选址时请了高人坐着飞机看风水，从建厂就力求最好，凡事必须高大上，舍得花钱。可结果三年不到就一败涂地，如今剩下一座厂还在那闲置着。

反思这位掌门人，并不是败在外行上，虽说隔行如隔山，可若是认真学习也不会差哪去，万一自己学习能力强，很快超越同行也是有可能的。败在哪里了呢？败在做酒不爱酒，卖酒为爱钱。做酒只是因为看到酒的利润大，投入少回报高，把酒当成盈利的商机，投机来了。酒实在不敢恭维，价格又死贵，水里面加点酒精加点香料就卖几百上千块，还不能说酒贵了，一说还有理："我这水晶的瓶子，一个就几百块。"谁要你瓶子呢！你卖的是酒还是瓶子啊？！

这个厂子虽说关了门，但也有人在这个厂子赚到很多钱。酒行业里有两种人是稳赚不赔：一个是卖酒精的，一个是做团购的。

不过这些人钱赚得虽稳当，在老百姓看来算是成功人士，可各有各的难处，不是辛苦二字能囊括的。赚到钱又如何？纵然你富甲天下，也未必如我粗茶淡饭吃得香甜。

有人说愤世嫉俗者，皆因自己没有得利，这话以偏概全。不是人皆为财死，鸟皆为食亡。我相信这世上一定会有一些人，有那么点骨气，并不因没得利而愤怒，却是因愤怒而放弃得利。君子有所为，有所不为。不为，非不能为也！老祖宗的那点风骨，还在悄悄地传承。

包池子(一)

曾有酒友不耻下问,说托朋友到酒厂里买的原酒怎么也不好喝呢?就这个事我想说,你的朋友没骗你,给你的可能也确实是他认为的好酒。酒厂的工作人员认为的好酒,一是灌到高档酒瓶里的是好酒,二是基酒罐里的是好酒。

其实,这都不一定。卖高价的高档酒,瓶里面的酒水可能与中低端的没啥区别,或许还添加了更多添加剂。那么如是基酒罐里的应该就好些了吧?也未必。什么是基酒前面讲过了,不再重复,且当作是好酒吧。可酒厂的大酒罐要上锁的,轻易打不开,如果谁都能拿个杯子从大罐里接几斤的话,那这酒厂离关门也不远了。酒厂职工要想得到此酒,只能等基酒从大酒罐里抽出来,送到罐装车间的小酒罐时,才有机会接到些,可是小酒罐里的酒全是勾兑后的,所以从小酒罐里接出来其实也不太可行。

但有种情况是可以的,就是这家酒厂酿原酒。在出酒时,跟老板谈谈买上几斤自然可以。如果是这种酒的话,真的可以储存一下,过个一两年,那味道就非同一般了。

可很多酒友在酒厂里没朋友,想买点原酒,只能到附近找作坊,看到有晒酒糟的,就贸然找人家要买点酒,多数情况下会碰壁,就算人家卖给你也难以保证就是原酒。

论斤买酒,酿酒人总要想方设法用最少的代价换回最多的钱。所以遇见窖池卖酒的话,千万不要贪便宜,便宜没好货。你找窖池买的是一个"真"字,要保证其真,就必须先保证售卖者的利益。

怎么买呢?首先是不能论斤买。我们这边买原酒时,都会召集几个人一块去买,称为"包池子"。

在粮食还在发酵尚未出酒之前去买断一个池子,如果舍得多花钱,从投料时候就可以介入,自己设计投料的比例。买断池子后,约定一个发酵周期,不管三万也好两万也好，一口价把一个池子买断，做上标记经常去查看，等发酵时间足够了现场监督蒸酒，出酒时出多少就多少，然后按照各人需要的数量分摊费用。

这样的话卖酒的不论斤卖，自然也不会再给你搭上酒精，或许会藏起来一些酒，但总算不会破坏酒的自然状态。

当然万一遇到了极品流氓，哪怕不利己也一定要损人，不管你怎么买都给你用上窜香的手段，这样的奇葩倒真的有，不过是极少数，可以忽略不计。

包池子的自然是好酒，原酒那是错不了。不光是咱们平头百姓这样干，很多酒行业的老人也是如此。小城有位大酒厂退休的调酒师，每年全国各地的酒厂都会给他寄来酒，让他品尝。按说老头有酒喝，可那些酒他根本不喝，自己喝的是凑份子的包池子酒。

包池子(二)

正宗好酒,咱们老百姓要求并不高,可以说只是最低要求:固态发酵,仅此而已。

固态发酵,能保障酒起码是安全的,至于口感呀风格呀真不计较。就好比一个男人娶媳妇,只要求娶的是个女的,至于长得好不好看、性格是否温顺、持家是否有方都不管不顾。这要求能算高吗?!

可市场上正宗的肯定不实惠,实惠的绝大多数不正宗。所以要找到正宗实惠,必须要付出一些行动。包池子买酒就是为了实惠二字,除了有点麻烦,但总算抬抬脚也能够到。

找到好卖家是很幸运的事,能保证不掺假、不做假已属不易,虽然买到的原酒可以喝,但不一定每个都好喝。不同的原酒产区是千差万别的,不是任何地方造个池子就能出好酒。

窖池很重要,酒曲很重要,酿造技术也很重要。其实酿酒的任何一环都很重要,哪一个环节都不能有问题,说穿了酿酒好坏就是对人品的考验,认真谨慎,不投机取巧,就能做出好酒来。

说到酒曲就得聊聊酿酒用粮,酒曲里比重最大的是小麦。不同地区的小麦有所不同,因为土壤的关系,同一品种的小麦在不同地区种出来不一样。

好像小麦的指标很多,比如"面筋值""白度"等。这两个指标有此消彼长的关系:面筋值高的白度就低,白度高的面筋值就低。

诸位请仔细想一想:出好酒的哪个不是在小麦主产区呢?尤其是在小麦白度高、面筋值低的地区。所以我觉得这个应该和酒的品质也有密切关系。

这仅是个人的观察总结,没有根据也没有论证,纯属一家之言。

包池子(三)

好酒难得。酒真就更不容易,酒好则难上加难。小城虽然遍地酒厂,可包池子也非寻常就能买到满意的,抬起脚尖勉强能够到的也只是秋天的压池子酒。压池子酒多在收麦以前入池发酵,越过夏季,在中秋节前出池蒸酒,因为发酵时间长,品质也就高点。

深入思考一下,既然发酵时间越长越好,那么酒厂为什么不让每批酒都发酵时间充足呢。究其根源,冰冻三尺非一日之寒。传统白酒原本就是隔季出酒,一个池子一年只出酒两次。而自从勾兑酒的魔盒打开,就不一样了。

起初原酒所占勾兑酒的成本比例较高,为了压缩成本,"专家"发现原酒作为勾兑酒的原料之一,勾兑而出的口味并不受发酵时间所限,所以酒厂为了压缩成本,就缩短发酵时间,现在二十多天的发酵期是普遍现象,这样一来,一个池子由每年出酒两次增加到七八次,池子使用率高了,那成本自然降低不少。

缩短发酵期盛行一段时期以后,同行皆行其法,成本逐渐趋同,"窖香"横空出世,假设一个池子原本出 600 斤 60 度的酒,现在出 800 斤 900 斤也还是60 度。

往前追溯有迹可循的现实很残酷,成本越来越低,而酒价却越来越高,成本与价格之间的距离越拉越大。

谈到这里,诸位一目了然。愿意多花钱,包个池子的话,想发酵多久就多久。但仅从酒业现实出发,想买到接近传统白酒的一个"真"字,也只能在秋天才有可能。压池子酒不是酒老板们良心发现,我们绝不心怀感激。

记忆中每到农历八月初,前后几天工夫,周围酒厂就都开了工,压池子酒的味道本就浓郁,况且几乎同时开蒸,酒糟再露天摊开晒上,空气中到处弥漫着酒的味道,无孔不入。

小时候可没觉得这味道好闻。放学路上遇到躲不过的酒糟子,就捂着鼻子蹚过去,每每一仰头,或许就看见乌压压的大片鸟雀,遮天蔽日地伴着巨大声响飞进视野,又缓缓地从视野里飞出去。

回想一下,好像进入九十年代后,就再也没见过鸟群飞过了。它们都去哪儿了?

生存还是毁灭?依然是个问题。

大酒春天出

传统白酒一年只出两次。《宋史·食货志》里有记,春天入池秋天出酒的叫做"小酒",冬天入池春天出酒的叫做"大酒"。小酒好的卖三十文钱一斤,大酒好的卖四十八文钱一斤,两者价格相差很大。这一大一小的称谓以及价差,已经说明了哪一个更好。

最好的酒是秋天入池春天蒸酒,但现实中已然绝迹。大酒因为窖池使用率低,成本自然高,卖的就贵。而如今,酒厂所需的原酒,只要是固态发酵,使用起来效果一样,有便宜的谁还用贵的呢。大酒卖不掉,自然也就没人做了。

没了大酒,小酒就成了如今最好的酒,好比冠军出了局,亚军就顺势成了第一名,蜀中无大将,廖化当先锋。而这亚军也不是自愿当的,夏季不出酒,酒厂是不得已而为之。为什么夏天不能出酒呢?因为气温过高导致糖化发酵旺盛,窖内升温猛,杂菌繁殖迅速,酒精大量挥发,等等,从而使出酒率与酒质下降,甚至不出酒。

实践证明,入池温度每上升一度,出酒率就下降1%,如果气温在30度以上,出酒率就徘徊在24%。因此酒厂不得已而为之,此乃天意。

而一旦天气凉下来,酒家就开始缩短发酵时间,提高窖池的使用率。成本越低越好卖啊,没有哪个买家怕便宜。

再讲宋朝的酒,三十文一斤以及四十八文一斤,换到如今价值几何呢?按照黄仁宇先生提出的算法,古今货币的换算应以黄金为基准。当时的一两黄金是现在的40克,现在是2014年8月30日,现在的黄金收盘价是每克253元,那么宋朝的一两黄金就价值如今10 120元,约等于10 000元吧。

一两黄金当时等于十两白银,十两白银等于十贯钱,而十贯钱又等于一万文。注意了诸位,彼时一万文可换40克黄金,而如今40克黄金价值10 000元人民币,结论是,宋朝一文钱约等于现在一元人民币。因此小酒三十文,约等于现在30元;大酒四十八文,约等于48元。小酒的价格与如今相差不多,很接近。

人生代代无穷已，江月年年只相似？不然！虽然价格接近，但原料成本却有很大不同。

沈括《梦溪笔谈》中说，凡石者，以九十二斤半为法。"石"是重量单位。北宋一石是 92.5 斤，当时的一斤等于现在的 640 克，因此一石等于如今的 59 200 克，也就是 59.2 公斤。北宋时候小麦亩产是多少呢，平均是 2 石，换算一下，约等于现在的 120 公斤。现代的小麦亩产是多少呢，找到的数据显示是平均 400 公斤。

彼时亩产 120 公斤相较如今亩产 400 公斤，于酿酒而言，这里面的曲折想来很是费神。

宋史所记的大酒小酒，原是朝廷官酿的酒，是国营酒厂的产品。官酿有个好处，国营的酒好比是国家标准，私人酿的酒就有了比较，酒徒不傻，同质比价，同价比质。因此民间各种好酒琳琅满目，周密《武林旧事》中所记的各色酒名就有五十多种。

南宋，高度酒独领风骚，一时间美酒如云。《武林旧事》里有关酒的记录，读起来最是让人心向往之。武林，是杭州的旧称，"东南形胜，三吴都会，钱塘自古繁华"。南宋的夜晚，盛宴过后，周密夜不能寐，把酒宴的点滴录下，使后人能一窥南宋的繁华。

如今杭州有一处商业区叫武林广场，小庙曾去过那里发了会呆，看一眼红尘滚滚，轻叹一声："周密，你在哪儿呢？"

白酒加减法

不管酒厂有多大，也不管它每年卖了多少酒，我们可以肯定酒厂是有能力出原酒的，但这不意味着酒厂所有的瓶装酒里装的都是原酒。这样说仍然不严谨。严谨地说：我们不知道酒厂的哪一批瓶子里装的是原酒。

再咬文嚼字一下，其实每一个瓶子里都有原酒，只不过多少而已。固液结合的不用说了，就是调香酒的也会放一些原酒进去。我们纠结的其实是：纯固态发酵的酒装在了哪个瓶子里，装了多少？

固态法白酒和液态法白酒哪个酒好？有人认为，原酒是有害的，而勾兑酒则是健康的，真是滑天下之大稽，可笑。

咱们不妨换个角度来看这个问题。很简单，既然勾兑酒里也要加入原酒提味道，那么勾兑酒有没有给原酒做减法呢？

假设原酒是由十种物质组成的，如果是减法，就要把这十种物质里有害的淘汰出来。据我所知，没有哪种勾兑法对原酒做了减法，并没有把原酒中所谓的"有害"物质提炼剔除，而是直接添加进入酒精里。原酒本身固有的十种物质不曾有丝毫的改变。既然没有对添加的固态原酒做减法，怎么添到你的调香酒里就无害了呢？我越想越别扭，原酒一成未变，我喝就有毒，非得让你把原酒和别的掺一掺再给我喝时就无毒了。这是什么道理呢？而你添加进去的又是什么呢？

在此也可以罗列一下添加进去的都是什么，酒徒如不嫌枯燥看看也无妨。除了酒精和稍许固态原酒，勾兑酒里还要添加一些物质，即香料，香料分为天然香料与合成香料，名目繁杂，简单举例：辛醇（柑橘味）、壬醇（玫瑰味）、异戊醛（苹果味）、双乙酰（喜人的白酒香气）、异戊醇（杂醇油气味）、乳酸乙酯、乙酸乙酯、丁酸乙酯、乙缩醛、甜味剂……

把化学引入酒，只是掌握了科学的技巧而已。我承认你熟悉科学，但我绝不认可你是科学家。

笑问客从何处来

有不少酒友，如今一喝原酒感觉怪怪的，觉得不好喝，有股怪味。其所谓的怪味是说这个味道很陌生，有别于以往的体验，所以用了个怪字。对传统白酒的陌生感，目前很普遍。可传统白酒原本就是这个味道，或许因它离开的时间太久，再回来时，大家都不认识它了。

"儿童相见不相识，笑问客从何处来。"

传统白酒或许真的还会回来，但这个愿望目前看尚没有实现的可能。白酒从业者一边打着传统白酒的旗号，一边却在对传统白酒进行批判。有的说传统白酒不健康，有的说传统白酒太浪费，最搞笑的一种论点是诟病传统白酒口感不统一。大凡遇见持这种论点的人，就给他鼓鼓掌吧，不要争论了，让他糊涂一辈子去吧。

工业化白酒的生产要求每一瓶的白酒都达到一致，而传统白酒却非如此。其实又何止传统白酒呢？比如都在吹捧的 1982 年拉菲，这个 1982 年的标注本意是注明这是 1982 年生产的酒，因为 1982 年被称为波尔多地区的世纪靓年，这一年的酒水品质非常好。在我们推崇 1982 年拉菲的时候，同时也接受了 1981 年、1983 年等其他年份的酒不如 1982 年的。

这说明红酒也是不统一的，1981 年的就可以和 1982 年的不一样。那么我们传统白酒怎么就非得统一呢？事实上传统白酒不仅年份不同、品质不同，而且细分的话，同一时期的不同窖池也不同。

每一个窖池都是独一无二的，哪一个窖池哪一次的酿造会是最好的，谁也不知道，刻意的追求可能一无所获，这个确实是靠运气。很多年以前，曾经有朋友包到一池子极品，我有幸尝过一口，那个美好的感觉难与人言，之后那个出了好酒的池子被追捧了不短的时间，但再也没有弄出先前那个味道。这或许就像 1982 年拉菲一样，天时地利人和，百年不遇的机缘巧合。

如今回想起来，也可能是那一池子的酒出得少（那是个小窖池，窖池越小发酵越充分,酒也越好),大家都追捧却很少有人能尝到,有这个情绪渲染的原因在里面,好酒确实是好酒,但传说氛围也有所加分。

就酒徒而言,除酒的品质以外,喝酒的趣味氛围也极其重要。珍藏的回忆里,可能更多的是和谁一起喝过的酒。假如让小庙在回忆里选出一个最好的画面,我会选择大概三四岁时,长者蘸在筷子上的那几滴。

那是最初尝到的酒,觉得辣,觉得苦,觉得是世界上最难喝的东西,舔上一下,龇牙咧嘴痛苦半天,而这痛苦的表情,就是长者刻意的小小玩笑。那个时代哪有现在动辄多少钱的美酒呢,只是酒铺里灌过来的散酒,前面提过,八毛一斤。可那些夏日夕阳下,小院子里的晚餐,四方小桌矮板凳,蘸在筷子上的几滴酒以及那些笑声,恍如隔世却常在心头。

酿酒的起源:久远有多远

谈到酿酒的历史,归结起来多是一句话"历史久远",到底有多久远呢?说起还真复杂。"历史"二字是指人类社会发生、发展的过程。历史学家在研究这个过程时,划分为四个时代:史前、上古、中世、近代。

史前的意思是指文字出现以前的时期,中国的史前时期是指夏朝之前。夏朝是从公元前 21 世纪开始,约为公元前 2070 年—公元前 1600 年,所以中国的史前文化是指 4 000 年以前的文化。不过也有别的观点,认为目前考古发现最早的文字是甲骨文,是商朝才出现的系统性文字,所以主张史前应该是指商朝以前。但那不过就是把时间推后 400 多年而已,咱们酒徒倒不必像学者们研究得那么清楚。

史前文化是根据文物古迹做出的历史判定,不是猜想。在夏朝之前没有史书的真实记载,所以对历史的考证只能根据文物遗留去完成。但文物里有没有杜康或者仪狄的实证呢?没有。

在文字出现以前,那时候到底是个什么样子?扑朔迷离,考古仅能发现当时有什么东西存在过,却无法得知当时发生了什么故事。从考古学来看,酒仅说是出现在史前还不确切,谷物酿酒应该在史前再向前 5 000 年,也就是距今 9 000 年时,那时候中国已经进入原始农耕时代,具备了谷物酿酒的条件。或许在更早以前,谷物酿酒就已经开始,可到底距今多少年,没有佐证,不得而知。

原始农耕时代的开始是历史节点,在此之前,食物全靠采集和渔猎。在长期的采集活动中,人们发现了植物生长成熟的条件,经过反复实践对作物生长的规律有了认识,逐渐形成刀耕火种的原始农业。后来随着生产工具的进步、生产力提高,原始农耕在满足人本身所需之外,粮食开始有剩余,而只有在粮食出现剩余的条件下,谷物酿酒才有产生的可能。

原始农耕时代北方种粟,南方种禾。粟是一年生草本植物,俗称"谷子",

去掉了皮就是小米;而禾就是稻子的植株,也就是米。在很长的历史时期中,这两种植物是中国人的主粮。

顺带科普一下,小麦的出现较晚,小麦发源地在中东地区,传到中国是在4 000年前,也就是夏商时期。当时小麦的吃法和大米、小米差不多,用石臼捣掉壳,然后蒸煮而食。1 000多年以后,春秋时期发明了石磨,但那时石磨太原始,磨出来的与其说是面粉不如说是麦渣。又经过1 000多年的进步,直到晋代才做出如今意义上的面粉,面粉距今只有1 700年。

原始农耕时代以前,酒或许也有,但那是自然界的水果在微生物的作用下,自然发酵而成的果酒,不是人有意而为,称不上是酿酒。真正的酿酒是随着原始农耕时代的开始而出现,以剩余食物为材料的谷物酿酒,所指谷物即为小米或大米。如今北方,黄河流域仍然有用小米酿的酒,小庙以为,虽然经过数千年的演变,早已不复原貌,不过,它仍然可以很骄傲,因为它源自史前文明。

传统名酒之宝竹坡与莲花白

承蒙酒友错爱,寄来两瓶莲花白酒,甚是高兴。仰慕此酒久矣,夙愿得偿实乃快事。赶快整了几个小菜,但求一醉。

先看了酒的说明,说此酒是历代贡品,汉高祖刘邦钦定御酒。这顶帽子戴得虽大,却不合适,汉朝时还没有蒸馏酒,怎么可能被定为御酒?

又说用了二十多种中药材制成。这与我所知道的莲花白也有不同:莲花白不是药酒,也没有保健作用,为什么要用中药材呢?

另外莲花白虽有两种颜色,但不是黄色和透明无色,而应是粉红色和青绿色。粉红色的是用荷花制成,青绿色的是用荷叶制成。

手中此酒与我已知的信息出入很大。是我书读错了吗?参详了一会儿,想出了办法能解决这个冲突,可能也是唯一的正解,那就是断句。手中的这个莲花白酒应该读作:"莲花　白酒"。而不是我以为的:"莲花白　酒"。

这样一来,问题就解决了,既没推翻莲花白的美好形象,也无需认定"莲花　白酒"与史不符。无事无非,皆大欢喜。只怪我和酒友会错了意,断错了句,且不管酒厂是无意还是有意。

我倾慕的莲花白,出现在清末,靠谱的说法是爱新觉罗·宝廷的创造,宝廷有号称作竹坡,后人都称他为宝竹坡。这位兄台是牛人,堪为酒徒表率。

引证的这个说法出自安徽人周寄梅。周先生1883年(光绪九年)出生,宝竹坡1890年(光绪十六年)去世,算来时间隔得不太远。1913年,也就是中华民国二年,二十九岁的周寄梅出任清华大学校长时,正是莲花白盛行的时期,想来以校长之尊,应不会空穴来风,当必言出有据。

莲花白是把白酒用吊药露的方法,把酒与荷花一起吊出来。吊这个字在这里可以理解为提取,怎么个提取前人没有明确说法,能找到的资料到"吊"这个字就结束了,今人自然也难以全晓。虽然做酒的没有说,可吊药的师傅还是有的,小庙曾留意中药提取的方法,传统中药的提取方法有很多种,较为接近的是蒸煮法、浸渍法、渗漉法、蒸馏法。

蒸馏法明显不是，若要与荷花蒸馏的话，可以在蒸酒时就把荷花掺进去一起蒸，那就不是改造酒了。况且酒再次加热温度过高的话，也会改变品质，因此需要把酒加热到较高温度的蒸煮法应该也不是。而浸渍法类似于浸泡，假如仅是泡酒那么简单，莲花白自当是寻常可见，如今也不会销声匿迹。所以参详很久，小庙以为，这其中能符合莲花白的这个吊字的，极有可能是传统中药提取方法中的渗漉法。

综合一下简单说，其实也不难：把荷花弄碎了，放在纱布筛子上，筛子下面是酒缸，把酒一遍又一遍地舀出来，浇筛子上的荷花，让酒循环往复，不断通过荷花过滤，渲染上荷花的清香。

荷花的清香是哪种香呢？很多年前小庙曾小试一次，入口时若苦若涩，口感不尽如人意，但喝完以后，似有似无的清爽感觉反冲到鼻腔口腔，久久不散。对，所谓的清香不是嗅觉，而是味觉。很难描述的奇妙感受，带来的是清爽的愉悦，就像痛痛快快刷了个牙似的。

假设我找到的方法是错的，虽不尽如人意，但也略有小趣。假设我找到的方法是对的，我想可能也离原貌相去甚远。因为仅有这个方法还不够，还要有最合适的搭配才行，例如：用什么酒，老酒？新酒？高粱酒？玉米酒？又用什么花？是池栽是缸栽？是花蕾还是花瓣？是鲜花是干花？等等。要找出最佳的那个味道，非小庙所能为矣。

窥一斑而知全豹吧。起码印证一点，那时酒徒所传人生极乐绝非虚言：莲花白、熏雁翅、醉听秋雨！

窗外秋雨绵绵，酒徒莲花白喝着，熏雁翅吃着，不亦快哉。说明一下熏雁翅并不是大雁的翅膀，而是猪排骨。家畜而已，为什么起了个飞禽的名字？无从参详。估摸也是酒徒的创造，起个有意境的名字，才能配上喝酒的情致，要不然莲花白、猪排骨、醉听秋雨，那就有点煞风景了。

宝竹坡无疑是资深酒徒。没有莲花白的时候，宝竹坡也得喝酒，照样熏雁翅听秋雨，想必泡杨梅泡桑葚等等酒徒常备诸技皆有之。未曾诸酒洞察，何谈精益求精。

莲花白的产生，说明能喝到的酒已经不能满足宝竹坡的需求，他已经到了更加注重细节微妙变化的境界，所以有酒在杯仍不满足，挖空心思改造酒，以期弄出妙品，这样的酒徒我辈岂能不高山仰止。

凭空想一下吧，在秋雨绵绵的午后，宝竹坡望雨凝思，看荷花飘摇暗香袭人，触景生情突发奇想，莲花白的念头涌上来，那一番得意快活，诸位酒友如今想来，也定能心领神会感同身受。

有了莲花白，就像现在手里有个畅销酒，那就是银子呀！若是把这交在如今的酒商手里，荣华富贵唾手可得，但宝竹坡至死仍是穷困潦倒，这也是质疑宝竹坡是发明者的依据之一。

宝竹坡姓爱新觉罗，是不折不扣的皇室子弟。官当得也可以，与张之洞、陈宝琛等人被合称为"四谏""五虎"。且不说仕途如何，八旗子弟哪一个会去做下九流的生意人，举家食粥酒常赊也不为五斗米而折腰，这是旗人的通病。但这是病吗？倒也未必，今人只晓从利益看世界而已。

再深入一下，光绪驾崩，宝竹坡的三个孩子居然闭门自刎，赴死国难，若从今人看来，岂不更是荒诞不经。

其实单从酒徒心态来看，宝竹坡没有因此得利也说得通。酒徒都有炫酒的通病，发现了好酒，一定会呼朋唤友共饮，但凡得人赞赏，就是对自己酒品之佳的肯定，那真是洋洋得意、快乐非凡。酒徒这点小小虚荣，古今皆同，宝竹坡也不能免俗。况且他本不是造酒的，他只是开创了一种酒的改造方法，推己度人换位思考一下，作为酒徒，有此良法岂能不到处炫技。

改酒的蔚然成风，造酒的必然效法，好比大家都买酒泡药，那么很快酒厂就会造泡好的药酒卖给你。例如同仁堂的茵陈酒，也未必是独创，野蒿子的嫩芽不是只有乐家才能采到。之所以唯独乐家的绿茵陈最好，皆是专业人士介入后，必会将改造的技术进一步提升，品质也理所当然地更进一步。所以清末民初仁和酒店的莲花白最正宗，也无非是此原由。

宝先生成此妙法，酒徒惬意满足就是他的最大快乐，利禄何足挂齿。岂不闻，昔人有云：功不必自我成，名不必自我居。

至情至性之人，宝竹坡名副其实。

他最后一个官职是福建乡试的主考，结果却娶了个歌女回来，当时叫纳妓为妾。这是个不小的罪名，他的可敬之处是，回京后立即上奏自劾，也就是自己举报了自己,由此被革了职,罢了官。

据说,宝竹坡纳妓为妾而后上奏自劾是蓄意为之。因为他对朝廷很失望,感到没有前途,所以故意给自己找个罪名。但罢官后家徒四壁,衣食无着,每遇师友门生,伸手告贷,这般窘境,想必仅是因为对前途无望而辞官,有点说不过去。况且,辞官的方式有很多种,干吗要给自己拉个罪名呀。官这个事,自古只有当不上的,哪有辞不掉的呢?

宝竹坡当初肯定知道纳妓为妾会带来什么后果,但一意孤行,到底是因为政治还是因为爱情,诸位酒友,你们愿意相信哪一个?

"新酒倾一斗,旧诗焚一首,纸灰飞上天,诗心逐风走……"

宝竹坡诗篇犹在,莲花白已成绝响。

传统名酒之屠苏与屠苏酒

爆竹声中一岁除,春风送暖入屠苏。

千门万户瞳瞳日,总把新桃换旧符。

这是王安石的《元日》诗。小时候学这首诗时,老师告诉我们,诗里的屠苏是一种酒。我很喜欢,感觉这个酒的名字特高古,黄钟大吕般的深沉雅致。总之,"屠苏"是酒。

"春风送暖入屠苏",如果屠苏在这里真是指酒的话,和前面这个"入"字连起来,让人极其费解。难道春风把酒吹热了?有违常理,怎么琢磨都别扭。小时候问过老师,老师也没解释通,被追问得急了,老师丢下一句"只可意会不可言传",这句话很妙,我不理解就是意会得不够。随着年龄的增长,意会能力有所增加,但仍然未解其味,因此对言之凿凿的老师的讲解有点怀疑。如今旧事重提,屠苏在这首诗里真的是指酒吗?

如果这里的屠苏是指酒,按照老师所讲,是用屠苏草泡制的,那就得有屠苏草这个东西,先找草吧。

搜索了很久,也查证了相关资料,目前植物界并没有叫屠苏的植物。可能古今名字有不同,找到过去叫什么,也许就能得知现在是什么,应该有迹可寻。往前查!

结果胆战心惊!不仅没找到屠苏草,更可怕的是,屠苏酒里竟然根本没有屠苏。例如孙思邈《千金方》、陈延之《小品方》等等文献中所记录的屠苏酒配方,没有一个方子里有屠苏这个字眼。

因此我壮着胆子认定,屠苏酒不仅不是屠苏草泡制的,而且这世上也根本没有屠苏草。

哎?不对呀!我只是想要证明诗中的屠苏指的不是酒,但却把屠苏草给证明没了,一个问题变成了两个问题,更是头大,头大,头大。真担心万一我是正确的,那老师就摊上事了。

老师讲的不说了,诸位见仁见智吧。我们继续谈屠苏酒。

按照北魏议郎董勋所说,民间风俗,元旦(即是现在的春节)时喝的酒,是把花椒焙成的粉末,用布包起来投到酒里泡几天,在元旦那天喝。因为当时老百姓居住的草房子统称为屠苏,而元旦这天家家都喝这种酒,所以称之为屠苏酒。

但泡花椒的酒,又是什么酒呢?

宋代以前没有蒸馏酒,蒸馏酒早则出现在北宋,迟则出现在南宋。实证是两件文物:一件在黑龙江的阿城市,是上下两层的蒸馏器,上层为冷凝器,下层为甑锅;还有一件在河北青龙县,和阿城的是相同的器物,年代都是在南宋赵构当政的时期。

也有疑问,唐诗中有提到"烧酒"一词,这烧酒会不会是蒸馏酒呢?根据唐朝房千里的《投荒杂录》以及刘恂《岭表录异记》证实,当时所谓的烧酒,是把发酵酒加热的意思,并不是蒸馏酒。在蒸馏酒出现以前,酒经过了温酒、烧酒、煮酒的发展过程,这三种方法都是为了固定酒的品质,防止酒的酸败。

因此可以肯定北宋以前屠苏酒是用发酵酒泡花椒的。酒友们请注意,北宋以前,不管是李白还是杜甫,刘邦还是项羽,上至王侯将相下至贩夫走卒,喝的都是发酵酒,原料是米。

在《齐民要术》和《北山酒经》中可以看到当时酒的制造方法。一边做酒曲,一边烧饭,然后把米饭和酒曲混在一起发酵,发酵后过滤出来的汁,就是当时的酒。

山东诸城出土过汉代的画像石,图画简明直白地描述了这个工序。

这种米酒度数很低,最高的度数也不会超过二十度,一般应在十度左右,口感很甜,所以不难理解张飞为什么抱着坛子喝了吧,那时酒其实就是饮料,稍稍有点酒量,灌上几斤是稀松平常的。屠苏酒就是用这种饮料来制作的。

老百姓在过年时放上花椒泡一泡酒,一来是花椒的确有温中、散寒、除湿等药物作用,毕竟花椒也是中药,二来其实就像后人喝黄酒时放点姜丝或辣椒加热,为的是增加一点辛辣的口感而已,所以老百姓普遍饮用的屠苏酒断不是孙思邈他们留下的药方那样。如真像方中那样用多种中药炮制,那这酒不是当时普通百姓经济上都能承受得起的。古代中医药与现在是大相径庭,这个不能展开说，不然又是几万字也不能述其万一。

综述一下，屠苏酒，就是把花椒放在米酒里泡一泡，仅此而已。虽然如此简单，但屠苏酒在酒中的地位却很高，传统文化中能叫得响的名酒本不多，屠苏酒是其中翘楚。因为在很长的历史时期里，屠苏酒就是传统新年的代称。

现代过年的象征是吃饺子、放鞭炮、贴春联，而宋朝以前，以上三种不是如今的样子，鞭炮那时还没有出现，庭前爆竹，就是烧根竹子而已，有点噼噼啪啪的响声，算不上很热闹的项目。春联那时候还是原型桃符，桃符只是一块桃木板，挂在门前，一直到了明朝，桃符才发展成写在纸张上的春联。那时更没有饺子这种食物，饺子出现最早也得在宋朝，所以，宋朝以前新年的三样象征是：爆竹、桃符、屠苏酒。

及至蒸馏酒出现后，高度烈酒普及，劲够大，味够足，已经无必要再朝米酒里加花椒取其辛辣了，米酒泡花椒的屠苏酒从此式微，蒸馏酒取而代之为年夜饭上的用酒。但屠苏酒的名字却沿袭了下来，因为屠苏酒名称所具有的象征意义无可取代。宋朝时不管是发酵酒还是蒸馏酒，到了年夜饭的餐桌上，也还是得叫屠苏酒。

既然是年夜饭的重头戏，喝这屠苏酒自然也与平时不同，有特殊的规矩。按常理，酒要先敬给长者，让辈分高、年龄长的人先喝，长者为尊嘛。但喝屠苏酒时，这规矩却反过来了，得让辈分最低、年龄最小的先喝。

"可是今年老也无，儿孙次第饮屠苏。一门骨肉知多少，日出高时到老夫。"这是郑之望的诗，讲的是除夕之夜喝屠苏酒，家里人丁兴旺，从幼至长挨个喝，等到老郑喝时，已经日上三竿了，透着自豪满足的炫耀劲，自我感觉超好。

从幼至长，屠苏酒为什么要这样喝，一定有其寓意在里面，这个寓意是什么，说法不一，看了一些资料，大多牵强附会，不足信。时过境迁，今非昔比，古人寓意如何，今人很难揣度。留个悬念吧，存疑也好。

屠苏酒，米酒泡花椒，究竟口感如何，小庙也曾小试。皖北小城号称四大药都之首，出处不如聚处，这里各种中药材自然齐备，找药用的花椒不难，易如反掌，难的是找到能接近传统的米酒。

小庙以为，与汉唐时期米酒较为接近的是湖北孝感米酒和湖南永州米酒。可惜孝感的原料是糯米,略有不符;而永州的虽是大米,但有煮的工序,酒精度数较高。后来经人指点,通过馒头铺的老板,找到一个做"浮子酒"的李先生。皖北小城的浮子酒也是米酒,有糯米制作也有大米制作,如今已没人当成酒喝,只有馒头铺子在和面时加入做酵母用。

之所以叫浮子酒,是因为成酒以后,会有米像浮标一样漂在酒上,当地人称浮标为浮子。小庙仔细看了一下工序,制作方法与《齐民要术》及《北山酒经》中所记基本吻合,就用它,权且一试。

没泡花椒以前,这浮子酒略有酸味,还算清爽,泡了几天花椒以后,再喝起来,说辣不辣,说呛不呛,其中混合了几种口感,但任一口感均有不足。总体来说,不好喝,甚至可以说很难喝。

不应该是这样啊,古人在年三十喝的,一定得是绝大多数都能接受的口感,怎么那么难喝呢。

思考了很久,估摸原因在于,虽然酒接近那时的屠苏酒,而喝酒的人却离古人太远。诸位想呀,如今物质丰富,好吃好喝的应有尽有,什么好东西没尝过呢,这张嘴早就刁了,不像古人那样粗茶淡饭,自然喝不出此酒的好处来。

因此,小庙后来用了一周时间酝酿了一下情绪,七天里只吃杂粮、馒头、稀饭、面条,除了盐的咸味,杜绝酸甜苦辣,喝的除了白开水,远离一切饮料。一周以后口里的那个寡淡,诸位可想而知。

在第七天的晚上,弄了一碗羊肉、半只鸡,再倒一碗屠苏酒,摆在桌上,为了更加逼真地还原汉唐的环境,把电灯全灭了,点一支蜡烛照明,可惜没弄到合适的油,不然油灯闪烁之下或许更有感觉。小庙坐下来面对酒肉先感受了一番口腹之欲的挣扎,思考了一会,是先喝呢,还是先吃?

沉思片刻,酒徒的本性凸显,感觉对酒的渴望更强烈,随即双手端起陶碗,举酒于目下,观其色若琥珀解于水,闻其香如空谷藏幽兰,一饮而尽,刹那间天高海阔,云淡风轻,此中愉悦唯两字可形容:妙极!

传统名酒之雍正与羊羔酒

羊羔酒，也叫羔儿酒。源于汉唐，兴盛于宋。之所以有这个名字，盖因此酒材料以羊肉为主。据《北山酒经》所记：腊月取绝肥嫩羯羊肉三十斤，连骨，使水六斗已来……文言读起来费劲，翻译一下，大概意思是把肥羊肉煮熟去骨剁碎，和米饭一起蒸，然后拌在一起发酵。过滤后的酒就是羊羔酒了。据说此酒色泽温润，呈乳白色，至于口感，借用明朝高濂《遵生八笺》的评论来形容：味极甘滑。

我想起南方吃腊肉蒸饭，把腊肉腊肠或者腊鱼什么的，和米饭一起蒸，因为腊肉里的油脂被米吸收，吃起来油滑得很。可想而知，用羊肉和米饭一起酿出来的酒，定然也是温润甘滑。记得当年有个老酒仙说过，好酒喝起来就像喝油，不用吞咽，到口里自己滑下去。想必就是那个感觉。

据《东京梦华录》所载，最好的大酒卖到四十八文时，羊羔酒却能卖到八十一文。羊羔酒之所以在宋朝时候很兴盛，或许与当时的饮食习惯也有很大关系。宋朝以羊肉为主要肉食，宫廷里"御厨止用羊肉"，上行下效，榜样的力量是无穷的。官场民间自然也以羊肉为主。所以苏轼在《仇池笔记》里说："黄豕贱如土，富者不肯吃，贫者不解煮。"苏轼高明，偏偏把猪肉吃出了名堂，作为酒徒，窃以为东坡肉丝毫不逊于《赤壁赋》。

那时苏轼日子过得还很算得意，官居龙图阁学士知杭州，宋朝的官员俸禄很高，苏子当时不仅有俸田，并且还有二十贯左右的月俸，也就是说，除了有供养自己的农田以外还发两万块的闲钱。彼时的老苏羊羔美酒肯定没少喝，"试开云梦羔儿酒，快泻钱塘药玉船"，这诗句即是佐证。

苏轼在杭州，逍遥快活是少不了的，文人做官的那些套路老苏样样精通，可老苏声色犬马之外却也心系百姓。西湖，并不是老苏来了才草长水涸，之前主政的人多了，能混到这个位置上的都是人尖子，难道人家不知道要疏浚西湖？

疏浚西湖，造的好了老百姓虽喜欢，但让朝廷花钱，天子不见得真高兴；而万一造坏了，天怒人怨，于仕途却有大碍。并且，疏浚成效未必立竿见影，就算后来功德无量，主政业已换几任了。总之做这个事，要受西湖的累，却未必能享西湖的福。

老苏应不是逞一时之勇吧，我更愿意相信，他还真的就是为人民服务。达则兼济天下，也是旧时文人风骨。

以苏子之才，疏浚西湖何足道哉，目送手挥而已，尚不足彰显苏子的高明。且看苏堤之上，一边发号施令举重若轻，一边小火慢炖举轻若重。造堤炖肉，皆成经典，这才是可钦之处。这一般潇洒，咱后人学东坡，又岂止文章。

诸位酒友，以苏子为镜，休再谈忙活累，且留一份精致，莫失率性真我。稼轩云：人间路窄酒杯宽。得意也罢失意也罢，浅酌一杯，陶陶然自在安宁。

东坡先生的话题若展开，多少篇章也表达不完后人的敬仰，而每每想到最后，又被他留下的那个谜绊住：一个四川眉县人，死在江苏常州，却为什么要把自己葬在从没去过的河南郏县呢？无解！

自宋开始羊羔酒频现各种典籍文献，广为流传的《水浒传》《红楼梦》等等都有提及，其中最有趣的是《金瓶梅词话》中的一段，在第五十三回，兰陵笑笑生写道：次日，西门庆起身梳洗，月娘备有羊羔美酒、鸡子腰子补肾之物，与他吃了，打发进衙门去……

羊羔酒自出现至没落，其间逾千年之久，横贯唐宋元明清，今人读史，每遇提及无不赞叹。在古代中国的美酒当中，以肉入酒得享盛誉，仅此一例。可惜芳踪杳然，匿影藏形，今人再难得遇。

最后的痕迹应是雍正给年羹尧的批书，从御批内容上推敲，那时羊羔酒俨然式微，不常见了。原文是："……宁夏出一种羊羔酒，……，朕甚爱饮他，寻些送来，……，特密谕。"

不知雍正后来喝到没有？

往 往 醉 后

"往往醉后,最见性情",这八个字是从傅二石先生那里听来的。据他说,外行看抱石先生的画,分辨高低的最简单办法是看落款,有"往往醉后"这个章的,即是抱石先生得意的作品。大师嗜酒,每每醉后挥毫,醒后观之惊喜连连,由此刻了这个"往往醉后"的章,只有在自己十分满意的作品中,才舍得用此章,并留下这句"往往醉后,最见性情"。由此我学个乖,遇到抱石先生的画,就看有没有这个章,有的咱就使劲叫好,没有的就做迟疑状略一沉吟"似有不足",总能在行家面前暂且遮丑。

抱石先生的"往往醉后",前人亦有印证。如王羲之的《兰亭集序》,也是醉后得才。据说王羲之当时乘着酒兴用鼠须笔,在蚕纸上写下了二十八行三百二十四个字,醒后观之连声赞叹,拿着自己写的字佩服得不行,就差对着镜子给自己磕头了。王羲之后来几次重写,都无复当时神韵,叹曰"此神助尔,何吾能力致",羲之所言的神是哪位尊者呢,无他,酒也! 酒徒以为,这"天下第一行书"若落个款,"羲之与酒",也甚贴切。

王羲之把《兰亭集序》视为珍宝传家,要世世代代地传承下去,可传到第七代王法极手里时,这位却在湖州永欣寺出家当了和尚,法名智永。智永和尚无后,就把《兰亭集序》交给了徒弟辩才,而辩才在绍兴云门寺里把宝贝给丢了,传说是被御史萧翼骗去的。不管怎么丢的,总之就到了李世民手上,后来也给他陪了葬。

虞世南、褚遂良、冯承素这三位的摹本,有证据说是唐太宗让这三位比着真迹摹写的。其中冯承素用的是勾填法,先描边画框,然后填墨。貌似冯先生不是写,而是画,力求逼真,算是手工复制了一份,与真迹无异。唐太宗非常喜欢,亲盖"神龙"朱章,因此后人称冯本为"神龙本"。唐以后的摹本,摹写者肯定都没见过真迹,所以后世的摹本是摹本的摹本。据说好的摹本不让真迹,内行讲起来头头是道。可惜我是外行,就像不耐烦看翻拍电影,一听是摹本,本能的就有点反感,谁叫咱是外行呢。

虽是外行,偶尔也附庸风雅,可年轻时候对书法却着实欣赏不来,不会欣赏。好比自己不识字,却想读一本书,别人都说好,自己却不会看,既着急又痛苦。有人说,你要想看得懂书法,必须要学着写,真草隶篆勤学苦练,三年下来就看得懂《兰亭集序》的妙处,五年下来就知道苏黄米蔡的高明。对此观点,小庙至今不以为然。

如果他的观点成立,那么书法艺术其实是书法家艺术!感觉这意思就像在说,要读书就得学写作。而事实上我只是渴望阅读,学会识字就足够了。我只是个普通百姓,没时间也没兴趣练习,不想也不可能成为艺术家,我所希望的只是学会欣赏。但悲伤的是,假如我现在还是一个孩子,每当我对某个艺术形式感兴趣,老师却总让我从基本功练起。我只是要感受它的美,干吗非得去掌握。

这个世界大得很,哪能啥都学一遍呢。学书法的才能看得懂书法,学音乐的才能听得懂音乐,那样的世界岂不太无趣。总以为,学会欣赏艺术比掌握艺术技巧更重要。可现在好像学技巧容易,学欣赏很难。城市里各种培训林立,却很难找到一个赏析班。有时候不练书法的看书法,只通过标价来估摸价值:一幅作品好不好,那要看它值多少钱。这是普遍心理。很多酒友与此类似:没功夫去探究酒为何物,只能简单地以价格来衡量品质高低,价格高的就是好的。酒商们就抓住这个心理,使劲往高处卖,原本很简单的事弄得越来越复杂,越来越神秘。

第 五 章

酒 徒 与 酒

大千世界，独有酒，千转百回爱恨难了。多深的坎，有酒总能过去。而那些放不下的，就在心里扎下根了。

酒鬼寻常见，酒神不易得

皖北小城酒厂多，酒鬼也多。在小城酒徒眼里，酒量大不算能耐，因为酒量大的人忒多，一山还有一山高。据说有的人一顿喝上三斤五斤的像喝水，总也喝不醉。用俚语说那不过是"酒漏"而已，喝不出感觉来，估计他自己也觉得没意思。

真正"能喝"的不是一次喝多少，而是一天能醉几次。大早上吃根油条喝三两，一个上午精神抖擞；午饭大喝一场，醉倒小憩，醒来该干啥干啥；到了晚上杯到酒干，哪怕酩酊大醉依然酒酣耳热状态正佳。达到这个境界的，方担得起"能喝"二字，堪为酒神。

一片地方或者说一个小区域出个酒神不容易，从酒鬼到酒神的路上有酒精中毒这一关，就是到开饭时间不喝酒就没精神，而且手抖腿抖。

我们街口一卖包子的，一大早就得半斤下肚，不喝干不了活，他那喝的不是酒，酒是他的药。

这一关很少有人跨得过去，不少酒徒都栽倒在这一关，倒下去的这些好汉，我们土话叫"喝烂酒的"。"烂"字可通"滥"，就是见酒就喝，逢喝必醉。有位小老弟，三十岁不到，早上骑着摩托车上班，等红绿灯的空隙，从兜里掏出来小酒壶，咕咚咕咚就是二两下去。

小老弟酒量也大，一顿一斤多酒不在话下。这样的酒量按说也算可以了吧，但无论谁请客，不敢邀他作陪。因为他在任何场合眼里都没别人，眼睛只盯着酒瓶子，这边刚上菜他已经半斤酒倒杯子里等着了，东家端杯想寒暄两句，小老弟半斤酒已经不见了。也不懂什么客套应酬，但凡有酒先得把自己整醉了，不喝醉了不高兴。

还曾见过一位刘兄喝酒，酒中豪杰，一个二两的分酒器倒满了，别人喝时他不喝，他等，等到都喝得差不多了，要清盅时，他随着大家最后这一口，一下把二两喝完。然后再倒，他还是如法炮制，酒喝得豪迈，但往往醉得最厉害的也是他。但他有个好处是从不闹酒，猜拳行令都不参与，就是笑眯眯看着乐着，直到最后醉得一塌糊涂，总之是那种从不强迫别人喝，但一定得让自己喝好的那种，酒风凛然。

而酒神则不同，真正令人尊敬的民间高手，任何场合皆游刃有余，一桌子酒友别管你多大酒量，都能奉陪到底，却从不见他过量出丑。不过，当一个人在家独酌时，却反而经常把自己灌醉了。

有一位老同志，是公认的酒神，人前没醉过，从不出洋相。好饮但不滥饮，冬天时候，给自己弄包花生米，一茶缸自己窖存的酒，从《新闻联播》开始能喝到《晚间新闻》结束。

慢生活细滋味

慢酒喝的是韵味，快酒喝的是豪迈。

喝慢酒的功夫，最能体现一个人是不是真的好酒。

犹记当年，那时没有超市，卖东西的都是小商店，一进门有柜台，掌柜的柜台后面一坐，面前放一小杯酒，从早上开门到晚上收门，这个酒杯里不能空，隔十分钟半小时嘬一口。没有菜，就算弄点花生米，也不能放在柜台或人能看见的地方。为啥呢？因为若是弄碟子小菜摆在那，有熟悉的顾客来了，这个尝一个，那个尝一个，等不到太阳落山小菜就没了。

所以你啥时候去，柜台就都只是一杯酒，干干净净。等到打烊，最后抽口大的，回家吃了晚饭就睡上了，所以这喝慢酒的人还有一个共同点，每天睡得早起床也很早。

喝慢酒的功夫我一直很佩服，但却总也学不来。像掌柜的这种慢功夫估计也和那时候单调的生活有关，没电脑没手机，电视也是很稀罕的东西。一个人坐在柜台后面干啥呢，就喝点酒。大凡这样的主，酒量不见得有多高，酒德也未必人人嘉许，但品酒都有一套，酒与酒之间的细微差别他们是浅尝即知。

喝慢酒的人都有共同嗜好，就是爱杯子，酒杯是他们的好朋友。用惯了的杯子珍惜着呢，万一被谁给摔了，那可得伤心一段时间。

小时候看金大侠的《笑傲江湖》，有一章叫《论杯》，很有意思。虽然过于神话，但足以说明杯子对爱酒之人的重要，想来金庸一定遇见过或者自己就是爱酒之人。

杯子不一定有多名贵，大多是普通的瓷杯或玻璃杯，我们叫"酒盅"，以每盅半两为宜。也听说谁谁有古董杯，但从没见过。见过的就是一般的杯子。这些喝慢酒的喝完了酒，都要仔细地涮杯子，如果不洗，两天下来，杯沿上就满是污垢，所以必须喝完就洗。

　　装过酒的杯子不能见热水，哪怕是用温水洗，都会有持久不散的酒臭味。所以不管天多冷，得把杯子放冷水里泡一下，然后用干毛巾擦，使劲擦。擦完用毛巾包起来，放在固定的地方，第二天打开就能用。

　　用毛巾包起来的目的不是爱惜这物件，而是怕放一夜又让尘土给弄脏了，其实也是爱酒之人的一种懒惰方式。

　　日复一日，酒是喝了一坛又一坛，毛巾也换过好几条，而杯子还是那个杯子，日月轮换间这就有感情了。

　　一个好喝酒的人，假设一天半斤，一年就要180斤吧，就是30箱，假设一个人喝了十年，就是300箱，码起来也是很壮观的。不管喝过多少酒，都是这个杯子一口一口伺候着，怎么会不珍惜呢。经常有老人说，别看我这杯子不好，可陪我半辈子了，给10箱茅台都不换。就透着那个骄傲的劲。

　　其实这些习惯我们也有，一般在家喝酒用哪个杯子就常用哪个杯子，万一哪天没找到，还真得找一会儿才罢休。爱杯子，我等爱酒之人都有这情结，不过不如人家喝慢酒的对杯子的感情深，真挚。

驭 酒 有 方

酒,就是个爱好。

人总要有点爱好,喝酒打牌唱歌跳舞下象棋皆可。用点心思,花点时间,把生活装扮得多姿多彩。有点爱好是好事,但不能沉迷,一旦沉迷即随入玩物丧志之列,没在爱好中娱乐,反而被爱好消遣了。

记得 2006 年前后洛阳有位别某人,爱好中国象棋,棋下得好,得过不少冠军头衔,痴迷于此,以棋为业。可名气太大,木秀于林风必摧之,和他下棋一准输,谁还和他玩呢,赌棋的更是避而远之,渐渐就穷困了,以致杀母卖子天涯逃亡。

逃到浙江丽水,依旧以棋自娱。也不隐姓埋名,到处赌棋招摇过市,把当地的高手赢一遍,最后都独孤求败了。当地棋手不服气,查他,终于被探究出了来历,天网恢恢疏而不漏。这是痴迷的极端例子。

爱好终究是个玩,是个娱乐。下棋的不一定非下成国手,写字的也无需成为大书法家,消遣娱乐,身心愉悦即可。

爱酒之人亦是同理,酒是个爱好,是个玩意,是消遣的工具。爱酒的与爱下棋写字的还有不同,下棋的可以给自己定个目标在某个比赛拿个名次,写字的可以立志加入某某协会,但爱酒的很难有个标准来证明自己把爱好玩到了什么境界,没有谁决心要把酒量练到全国第一吧。

爱酒,只是私密爱好。浮生若梦,为欢几何? 唯有自己能体会其中快乐,酒宴上哪怕你坐在我的对面,任你明察秋毫,你仍然观察不出来我当时是悲是喜。酒酣时候,有幻听,自己听自己说话,像是从别处传来一样,那个时刻很曼妙,仿佛灵魂蜷缩到躯壳的最深处,像只猫。

爱酒,但不能痴迷酒。酒是穿肠毒药,古训绝非空穴来风。据我观察而言,酒喝得高明,是以酒为辅,利用酒来调节自己,把自己伺候得高兴,这是高人,是酒神。

　　而那些以酒为主,用酒麻痹自己的,是低手,是酒鬼。如人们调侃的那样,一桌子美女和你喝酒,结果你置若罔闻,只盯着酒瓶子就想再多喝点,这就是痴迷了,中了酒的毒了。

　　这个毒其实也有先兆。一个爱喝酒的,先是喝酒以后不想吃饭,慢慢发展到喝酒就不吃饭,再然后宁可不吃饭也得喝酒,这就很危险了,大凡到了这个层次,几年下来,多数大病一场甚至性命堪忧,足为爱酒者戒。

诗·酒·远方

天若不爱酒,酒星不在天。地若不爱酒,地应无酒泉。天地既爱酒,爱酒不愧天……

喜欢这首诗,尤其后面两句"三杯通大道,一斗合自然",道出了酒到酣处、烦恼殆尽、天人合一的感觉。李白诗和酒是极好的,后世爱酒的也都爱拿李白说事,用老李的名字、诗歌、典故来做酒的很多。李白酒名以诗传,我总在琢磨,老李是不是应该归类于痴迷的那一种呢?

老李一生若概括一下,我觉得应是:诗、酒、远方。一个人一辈子,游历天下,停停走走,喝酒写诗交朋友,着实洒脱。但允许在下在此庸俗一点,老李自己是很潇洒,但家庭生活搞得一团糟,身后两子一女学无所成,到了第三代,为他祭扫的两个孙女,已经是目不识丁的农妇了。诗书未能传家,也是一憾。

李白之死比较靠谱的有两个说法:一是在安徽当涂,酒后投江捉月,溺死。二是在安徽宣城,饮酒过度,醉死。不管哪个是事实,老李之死都是归结于酒。我更愿意相信第一个传闻,在江边喝酒,酒到酣处,望江中明月,喜不自胜,乐极,涉水,沉溺。揽水中之月往生极乐世界。

某市搞了个李白诗歌节,很是让小庙向往。不看诗歌节上那些招商引资的项目的话,也算是一个很风雅的集会,诗和酒,历史与人文。想必去的很多人都是为李白的诗,而我敬的却是李白的酒。

李白于皖北小城估计也不陌生,犹记少年时读《忆旧游寄谯郡元参军》,其中有句"黄金白璧买歌笑,一醉累月轻王侯"印象最为深刻,元参军名叫元演,当时在小城为官,有关元演的故事找不到,不知道他后来又流落到了哪里。

同时期李白还有位好友王昌龄也在小城。"秦时明月汉时关,万里长征人未还。但使龙城飞将在,不教胡马度阴山。"王昌龄写诗专注于七绝,世人誉为"七绝圣手",这一首《出塞》被推唐人七绝的压卷之作,意思是七绝里面最好的,是冠军。还有《芙蓉楼送辛渐》:"寒雨连江夜入吴,平明送客楚山孤。洛阳亲友如相问,一片冰心在玉壶。"语言圆润蕴藉,音调婉转和谐,意境深远,耐人寻味。可惜小城是王昌龄的最后一站,他于此地为闾丘晓所杀,再也没有离开。

小城以西有明王台,是韩林儿称帝时所留宫殿遗迹,近临涡水最宜登高望远,当年时常携酒至此,咏《别赋》怀旧人:"黯然销魂者,唯别而已矣!……谁能摹暂离之状,写永诀之情者乎?"

改酒之折腾

　　爱酒别怕麻烦,真正的好酒是买不到的,能买来的最多只是酒坯子,非得下足工夫、投入感情、甘于寂寞,假以时日,把一坛子酒呵护得亭亭玉立了,那时候喝起来自然会由衷地喊一声:"好!"

　　这样的高人不少,想起来 2002 年左右,有个爱酒的,到四川包了片竹林,把原酒灌到大毛竹的竹节里,每根竹子只灌一个竹节,恰好一斤左右的量,然后让竹子自然生长,每天砍一棵,喝竹节里面的酒,要的是竹子的清香。这是有钱又有闲的。

　　90 年代,有个种长瓢葫芦的,把酒灌到葫芦里和葫芦一起长,这个最有意思。朝竹竿里灌酒简单,但朝葫芦里灌可是难。人家不愧是高人,有绝招。

　　先要等葫芦长到大小合适后,把葫芦根部给刨开,用刀子在根上挖个洞,放进去两粒巴豆,然后盖上土,等三五天后,葫芦的叶子也蔫拉了,葫芦也软了,蔫得面条似的。这时候从顶口用针管把酒灌进去,然后再把葫芦挽个结,像系鞋带似的。

　　这些做好以后呢,再把根部的巴豆取出来,盖上土,浇水。几天以后,葫芦又重焕生机,枝繁叶茂。

　　至于灌了酒的葫芦后来怎样,好不好喝,咱就不知道了。讲这些是想说,真好酒的总是不厌其烦地做尝试。看看他们的劲,咱存点酒泡点杨梅樱桃也嫌麻烦的话,真的有点难为情。

改酒之泡酒

泡酒,小城一般是用酒头泡,当然不是指出酒时的头两斤,那种科学意义上讲的酒头,而是俚语里的酒头,指的是出酒时的头二十斤。用酒头泡酒是有理由的,酒头度数高呀,你看桑葚、杨梅等等属于浆果类,本身水分就很大,泡酒就等于是朝酒里兑果汁。

如果用50度的酒按照1斤酒1斤桑葚的比例泡,泡出来的酒一定不到30度,那个口感就很寡淡,不好喝。当然也可以选择少放点水果,2斤酒1斤桑葚,那样的结果是度数虽然合适了,但桑葚的味道就不足,喝起来也很无趣。

而用60度朝上的酒头,一比一的比例泡起来,果味适宜并且度数正好。所以泡水果首选高度酒。当然也有不服的,有人拿38度瓶装酒泡苹果,泡了一个月拿出来一喝,后悔不如当初直接去超市买果酒算了。

酒头泡中药的也有,但都是家里有病人的,药酒真的不好喝,所以小城这边泡药酒的很少。尤其是用参片什么的泡,味道大,而且参片消解酒度,很容易把一坛酒泡成寡淡的水。看到外地有用虫草泡的,那真是暴珍天物。据说虫草的药性很脆弱,用酒泡了以后就没有什么效果了。这边有条件的吃点虫草,增强免疫力,是用小刷子把两三条虫草刷干净,然后用小碟子装好,放在煮开锅的水上蒸一到两分钟就吃下去。刷和蒸只是为了把虫草的寄生虫给灭了,不敢蒸时间长,蒸时间长了就没用了。

我个人喜欢用杨梅、杏、苹果、橘子什么的水果泡酒。尤其喜欢杨梅,一上市就赶快买,最好是直接从树上摘下来的,然后清水里放盐把杨梅浸一下,把里面的虫子呀什么的弄出来,然后晾一晚,放到已经窖存两年以上的酒头里泡半年。

半年后,酒是特别鲜艳的红色,口感有点酸甜,而且特别平滑。基本上泡上几个月的酒头,此时已经没有开始时那样烈,比如放进去时是60度,此时口感也就40多度,因为泡水果其实就是朝酒里面加果汁嘛。但酒劲没减少很多,不过醉得慢,同时醉得沉。

外地来的朋友被我用杨梅酒骗过不少,一喝口感好,入口觉得度数低,可几杯下肚后很快就恍惚了。好在都是原酒,再醉也不难受,不头痛,不口干,醒来精神抖擞。

也有用各种花卉泡的,比如桃花。大姑娘小媳妇们找棵桃树,树下铺条毯子,抱着树使劲摇。然后小心地捡出一瓣瓣完整无缺的,放进小坛子里,泡上一两斤或者两三斤酒,就等着到过年时候,衬映着窗外的积雪,和姐妹们围着炉火品尝着,说说笑笑,打打闹闹,谈谈过去一年里的快乐与哀愁。

酒徒泡酒,百无禁忌,恨不能把自己都给泡了。

泡花、泡叶、泡水果,甚至有用蔬菜泡的,最搞笑的是有一哥们曾用凤爪泡酒,因为他爱吃凤爪,美其名曰酒菜合一,既有酒又有菜,两全其美。当然结果很失败,至今羞于人言。

而我年轻时最喜欢的,是用樱桃泡。那时候少男少女,于春夏之交,去城外的乡村摘樱桃,一路欢歌笑语。樱桃摘回来,用井水反复冲洗,然后按照个人口感不同,一比一或二比一的比例泡进老酒中,封上坛子。

到了秋天,把春天泡的樱桃酒拿出来,呼朋唤友,三三两两地找个草地一坐,你一口我一口,唱唱歌,吹吹牛,看着夕阳等星星出现。

唉!时间都去哪儿了……

改酒之药酒

聊到泡酒，得专门谈一下泡药酒。药酒是药还是酒？这个问题很严肃。

很多酒友每日无酒不欢，喝药酒的想法多是惯性得来：既然我天天喝酒，不如我喝药酒，那样既能喝酒又能滋补，两全其美。

如此惯性思考的占大多数，把药酒当成酒。于是找个方子就泡上了，也不管这方子治的什么病，更有甚者，懒得找方子，道听途说地找些中药材就丢酒里面，以为只要药好，总会起点好作用。饮时也无节制，偶尔兴起只图一时痛快，不醉不休。这种喝法，我觉得用"自残"二字来形容也不为过。

药酒是药，不是酒！药酒不能当酒喝，要当药吃。

大量饮酒不过就是醉一场，而大量饮药酒却如同过量服药，不仅无益反而有害。就像感冒冲剂喝起来有点像咖啡，挺好喝，但你能因为好喝而非要喝过瘾吗？好喝它也是药，不是咖啡。请看那些喝止咳糖浆上瘾的，那叫瘾君子，是中了药的毒。所以药酒只能当药吃，补虚损，宜少服，取缓效。

药酒的泡制过于庞杂，不是几百字几千字能概括得完，并且自己受视野所限，了解也是不多，真怕一言不慎，指错了路，反而适得其反。药酒喝死人的并不鲜见，随便一搜索就是冷汗一身，不敢儿戏。诸位读时请辩证地看，读完若能引起思考，进而根据自身需要深入探究，即是小庙功德圆满。

药酒第一难是问症。每种药酒都有适用的病症，用者要根据自身的需求找对方子。可自己有什么需求，自己却很难准确认知。酒友炮制药酒前，最好去找一找医生，做个体检，给自己问问症。

既然是中药泡酒，自然与中医关系密切，多数酒友会直接去找中医，但多数中医却未必谙熟药酒。个人以为，为泡药酒做体检也不妨中西医相结合，西医那里做检查，拿着各种化验去找中医，这样可能效果更好。自己有没有病？有病的话是什么病？没病的话又在哪方面不足？了解了这些，该喝些什么药酒就清楚了。

可既没病又没有不足，那怎么办呢？如果即没病又无不足，其实真的不必凑热闹，奉劝一句：健康弥足贵，切莫瞎折腾。人人都想锦上添花、好上加好，但月满则亏，水满则溢，盛极必衰，哪怕你想去拯救世界，喝药酒也补不成超人。

当然，也有个别酒友觉得药酒就是好喝，就是喜欢那个味，如果真是如此，请参考前面所讲喝止咳糖浆上瘾的，也许喜欢喝本身就是病！不过喝药酒上瘾的病，却没有药酒可治。

药酒第二难是索方。因药酒而找中医问症，问症是目的，开方子倒在其次。中医虽有同病异治，一人一方的精妙，但在药酒上，却不适宜。懂医未必懂药，懂药未必懂医，既懂医又懂药的未必懂酒，这就是寻方的难点所在。

如果遇到的中医是爱酒之人，自己有心得有体验，这是你运气好。一般中医给你开的是治病的方子，煎熬服用，讲究个药灌满肠。用此方去泡药酒，不对路子。

问清楚了自己的症，自己找方子即可。方子不难找，都在典籍里躺着呢，只要你愿意去找它，它一定不会躲着不见你。

中医分两大派，经方派与时方派。所谓经方，据说原本指经方十一家，由十一部医书组成，是汉代以前中医药学的总结，但其中十部都已失传，只有莫高窟里流出的《辅行诀藏府用药法要》流传于世。虽然十部医书失传，但医书中所载的方剂却没丢，当时的医者学习运用这十一部医书里的方剂，代代相传，流传至今。

如今所谓的经方，就是指以张仲景为代表也为节点的汉代以前流传下来的方剂。自他以后，以唐宋时期创制的方剂为主的就被称为时方。

经方是医方之祖，后来时方都以经方为母方，在此基础上发展、变化。经方用药简洁见效快，时方用药繁琐见效慢。但经方虽快却过于刚猛，而时方虽慢可药力温和。咱们外行无从决断是经方好还是时方好，其实都好，都能治病。

治疗同一种病，方子不同，所用药物也不同。在古代中国，因为运输等条件所限，南方北方药物流通艰难，于是有些方子就因地制宜，比如没有金银花的地区，用药可能就多用板蓝根。所以古方虽多，但无高低，视条件择一即可。

酒友如对经方所载药酒有兴趣,不妨从《金匮要略》中寻找。至于时方,则俯拾皆是。

药酒并非全是复杂繁琐,有些其实简单易行。比如我们经常泡的水果酒、花卉酒,也有滋补的功能,可以归为药酒之列,广泛炮制的杨梅酒,不仅预防中暑、解除暑热,还能调五脏、涤肠胃,泡在酒中的杨梅,专治腹泻,只要不太严重,吃一粒就能见效。还有桑葚酒养血明目、利水消肿,荔枝酒益气健脾、养血益肝,樱桃酒驱风祛湿、活血止疼,草莓酒补气健胃,红枣酒益气安神……

总之药酒之方比比皆是,要找到适合自己的,要花点时间。万万不可轻信人言,人云亦云。注意:别人怎么泡自己也怎么泡,别人喝了可能强身健体,你喝了可能有害无益。

药酒第三难是寻药。有了方子就得抓药,这抓药里面的学问挺大,不仔细了容易给自己挖坑,跳进去都不知道是谁下的绊子,自己坑自己的,没地方喊冤。

古方里的中药单位是"钱",而现在药店卖药是以克为单位。惯性地想,1两即等于10钱也等于50克,于是换算出1钱等于5克。这个算法问题多多。

古制以明清为例,1斤等于现在595克,1斤等于16两,每1两等于10钱,1钱约等于3.72克。

官方资料,1959年改制时,中药计量例外对待,沿袭旧制不变。但深究起来,说是不变,其实已经变过了。因为在1929年时,已经将1斤595克改为了500克,因此按照现代中医计量方式,1钱约等于3.12克。

但是,1929年以前,1钱其实是3.72克!

因此诸位若用古方泡酒,在购买中药时,切记这个换算方法,1钱等于3.72克。例如需买人参1两即是372克,在药店购药时,按其古制计量要买1两1钱9分,以此类推。

但了解这些还不能放心去药铺,你还得知道一些所需中药的识别方法。

泡药酒,要尽量使用道地药材。

例如枸杞,宁夏中卫的西枸杞是道地药材,而天津出的津枸杞是清末引种的,就不能说是道地药材,包括甘肃枸杞、新疆枸杞等等,论质量疗效唯有宁夏枸杞为最佳。这就是道地药材的价值所在,只能在特定区域出产的才行。

比如人参,长白山出产的野参价值最高。野参咱就不想了,野参十分难得。可就算买人工栽培的人参也有讲究,有鲜参有干参,鲜的和干的一看即知。但干参,你很难识别是否经过熏制。如果你不懂,可能你会选硫黄熏过的,因为它看起来比没熏的更可靠。

说到人参,就得说西洋参。很多酒友会以为西洋参和人参是同种,西洋参是外国产的,要不咋又叫花旗参呢。若从治病角度看,治疗糖尿病,治疗休克,效果确实相近,但用在药酒上滋补却不同,因为人参性热,而西洋参性偏凉,一凉一热相去甚远。

由此延伸,同是道地药材,疗效也有不同。例如同是贝母,浙江贝母是宣肺清热,四川贝母是润肺清热,东北平贝母是化痰止咳。浙贝母用于治痰热咳嗽、感冒咳嗽;川贝母用于治虚劳咳嗽、燥热咳嗽;平贝母用于治阴虚劳嗽、咳痰带血。若药酒有贝母一味,不小心用错了,可就徒费人力物力。

地域差别之外,同种同地域的药材,制作不同,药效也有不同。比如全蝎,分清水和盐水,清水的治中风,盐水的补肾;比如地黄,分生地和熟地,生地性凉,熟地性温……

此外,含毒性的药物,除非万不得已,尽量不用。比如乌头、雄黄等等。还有一些必须专业炮制后才能使用,如蛇、蝎等等,有酒友把鲜蛇甚至鲜蛇头直接泡酒,那是万万不可,没有喝出事是侥幸,万一有碍则追悔莫及。

凡此种种,不一而足。奉劝诸位在找到方子以后,根据所需药品名目,详细了解各种药物的属性、产地、制作方法等等信息。尤其是要关注假冒中草药的识别方法。

小庙身居药都,与药商打的交道比与酒徒打的交道多,深知其中利害,请诸位慎之又慎。不是胸有成竹,宁失勿用。

药酒第四难是用酒。宋代以前中国无蒸馏白酒,经方所载的药酒之方,皆为发酵酒,以米酒为主。并且经方中绝大多数不是用酒浸泡或渗漉,而是用酒煮药,其根本还是辅助药力。

例如大家熟知的五加皮酒,算是药酒之中家喻户晓的一个方子,明代《本草纲目》里记载,先是把五加皮煮汁,然后加酒曲和饭酿制成酒。

现代科学认为酒的度数越高,溶解、浸出药材的有效成分的时间越短、效力越强。由此推敲,无论经方时方,看古人用米酒煮药,应该是受条件所限,当时没有蒸馏酒,只能用发酵酒,而发酵酒溶解性不强,所以用蒸煮法来逼出药中效力。

在蒸馏酒出现以后,药酒之方有见蒸馏酒浸泡之法,但有些依然强调用发酵酒,此中自有医家道理。今人泡制药酒,宜遵古法,根据药方选酒。

如是用黄酒或米酒,可以用热浸法,把药物与酒同装进陶罐里,泡上一两天,然后用小火煮沸,自然放凉再静置三五天,然后酒过滤出来,再把药物压榨出汁,混在一起,装进瓶中,慢慢喝。

如是高度蒸馏酒,建议用冷浸法,把药和酒装在坛子里浸泡即可,在浸泡过程中每天要晃动晃动,让药与酒充分接触,七天以后逐渐延长晃动间隔,可以三五天晃动一次。至于浸泡时间,最长不要超过一个月,浸泡以后也要把酒与压榨出的药汁换瓶储存。

不管是热浸法还是冷浸法,泡制好的药酒都不能长期储存。酒是陈的香,但成为药酒以后就有时效,超过了一定时间,药效会受影响,出现沉淀或酸败变质,那就绝对不能再喝了。如果酒是上乘好酒,换瓶后放两三年没问题。可尽管如此,小庙仍是建议一次泡制量不必大,一次泡的酒三五个月内喝完最佳。

药酒第五难是独酌。药酒最忌请人共饮。与人分享是美德,但要看分享的是什么。比如你吃某个感冒药挺好,但你能打电话请人一起来吃吗?这还在其次。你可能无病无灾泡点滋补的药酒,但你请来的客人未必和你一样,人的体质各有不同,你喝起来有益,他喝起来却可能有害。万一与药相悖,就有可能引祸上身。请人喝药酒闹出人命的不是没有,不信你仍可搜索一下看看。

药酒很私密,只宜独享。治疗用的药酒,要在餐后喝,用过饭,小酌一杯,以免空腹刺激胃黏膜而影响药物吸收;安神镇定的药酒,要在睡前喝;而滋补类的酒,没有时间限制,随时可以喝,但如前面所言,切勿贪杯,当药吃,别当酒喝。

问症、索方、寻药、用酒只要认真,皆能实现。而这独酌,小庙以为却是最难的一处。

不倦繁琐，小心翼翼地弄了坛药酒，不与酒友共享，如同锦衣夜行，难免寂寞。

胆子大的满不在乎，认为喝死人毕竟概率极低，哪会这么巧轮到我身上。这位朋友我且问你，你去买彩票时咋不这样想呢?! 祸事轮不到你，大奖你就一定会中，你真乐观！

独酌这还不难克服，了解此中利害，自然小心谨慎。难的是，一番心思泡的好酒，不给左邻右舍展示一番，实在憋屈难忍，但若酒友看到此酒，又知药力作用，主动索酒一杯，却又如何拒绝？且不说知己好友，就算街坊邻居点头之交，打个照面说一句："你泡的药酒我想尝尝。"再把空杯子伸到你鼻子下面，你怎么办？

实话实说："我怕你喝死了！"话是实话，却难免得罪人。你尚未喝死，他自然也不会，你又不能死给他看。并且在他看来，别看你活蹦乱跳，且不知今后谁会走到前头呢。

要不就说："我不舍得"，也得罪人。遇见有脾气的，人家回家拿瓶茅台能拍你脸上，咬着牙教训你啥叫视金钱如粪土。

实在不行借病推辞："我有病，你没病"，他倒不会立即提篮子鸡蛋来慰问，但一脸郑重地握着你手千嘱咐万叮咛让你想开点，那滋味也不好受。回去再一宣传，街坊大嫂听了不忍，晚上端碗饺子送过来，与夫人窃窃私语："弟妹呀，大兄弟这病委屈你了！"你等着吧，一夜之间名头就叫响了。

世间安得双全法，不负如来不负卿。又想炫耀又得低调，真的好矛盾！

酒徒之戒酒

一坛好酒，守上三年五载，选一个自我精神状态超好的时间，打开封口，呼吸瞬间弥漫出来的浓郁醇香，这是酒徒最快乐的时候。

时间酝酿了酒，酒蕴涵了岁月。

酒喝得得法，绝对有益身心，而喝酒的路子不对，则危害颇多。善待酒也就是善待自己，不然就陷入一个尴尬的境地：酒徒戒酒。

酒，戒，还是不戒？这是一个问题，当面对醇香的无边诱惑，是操起软弱的意志去反抗？还是甜蜜地投降就范？

戒酒之人不少，我见过不少怪招。真人真事，有哥们戒酒的办法是狂喝。十几年前，我们这边有个高人，极爱酒。后事出有因不得不戒，他的办法是给自己三个月的时间，喝个灵魂出窍，过足瘾。接下来果然二十四小时都是泡在酒缸里，随时酒醒随时喝醉，具体多少天没法计算，反正没出三个月就真的把酒戒掉了，从此再也不饮酒。说不好是把一生的酒瘾都过完了，还是连续喝酒喝恶心了，总之一段时间的纵酒狂欢之后，与酒形同陌路。

这个办法不见得好，除了这个高人没见谁用过这个办法，多数戒酒都是从总量控制。其实如果不是特别原因，酒完全不必戒，尤其是那些打算戒酒不戒烟的，还不如戒烟不戒酒呢。

个人以为，戒酒最好的方法是爱上酒，珍惜酒。多琢磨酒的好，酒的喝法，多体会不同的饮酒体验，逐渐把醉瘾转变到真正的酒瘾上来。

自己捣鼓的好酒，一放几年，还会滥饮吗？别人请喝酒，一入口就不行，还会强喝下去吗？

举个戒烟的例子。有个好朋友特爱抽烟，为了控制抽烟想了很多办法，什么戒烟贴、戒烟烟嘴、电子烟等等，效果都不理想，最后用了一招绝的，抽最贵的烟。比如说九五至尊这个烟贵，他消费不起，但他就自己花钱抽这个，抽了一段时间抽惯了，别的烟抽起来都不顺口，别人敬烟他就开始不抽了，而自己买九五至尊那么贵,又不舍得与别人共享,慢慢地进化成在外不抽烟,只在家里抽,数着根抽,抽的境界越来越挑剔,而抽的量却越来越少了。

这个抽烟的例子用在喝酒上,也可以是喝最贵的,喝飞天,非飞天不喝,喝惯了这口,慢慢地别的酒就下不去了,喝的量也少了,因此而衍生的很多变化大家可以设想一下。

但问题是这样喝的仍然不过是钱而已,况且飞天也一定就是好酒吗,这样还不能算是爱酒、珍惜酒。

真正的酒徒,真正的爱酒珍惜酒,就得是紧盯着从粮食到酒的整个过程,然后弄回家里变着法地呵护,像伺候媳妇似的伺候着她。

几年下来,打开一坛子,小酌慢饮,不舍得狂喝,更不轻易示人,喝的小满足了,再到超市里逛一下,那货架上堆山堆海的酒水,看在眼里会是啥样心情,那从货架上买酒的看在眼里,又是啥样的心情呢……

人,得把爱好弄精致了。

酒徒之无酒伤心

有酒伤身，无酒伤心。

没酒喝心里面委屈，而酒喝多了也确实伤身，哪怕对症的药酒喝多了也会适得其反。酒，不能滥饮。

酒喝得美了，精神上层林尽染，有世人皆醉我独醒的美好感觉。这就是个爱好，就像有人养鸟，有人钓鱼、画画、书法、下象棋一样，是个精神寄托。

不管生活压力有多大，遇见多不高兴的事，在投入游戏的那一刻，就有如释重负的片刻欢愉，就像游在水底的鱼，总要露出水面呼吸空气。酒是咱们的精神寄托，是对美好人间的眷恋。

所以哪怕有科学告诫我们酒有多大伤害，我们不理会。喝出毛病的那是酒鬼，绝非酒徒，绝非爱酒之人。

酒好酒坏，在人不在酒。

其实大凡让人上瘾的，哪一个没有危害呢？烟、酒、茶、咖啡、槟榔、奶油蛋糕，甚至咱老百姓家里腌点小咸菜，也是有害的。如果咱们只从纯医学的角度来判断能不能喝、能不能吃，咱们小老百姓还有什么乐趣呢？

酒徒之少喝点、喝好点

饮酒是不是有损健康，不能光是西医有发言权，中医应该也能发发言："味辛，气温，入手太阴肺经。开胸膈之痹塞，通经络之凝瘀……"

《内经》中约有四方用酒以疗疾，张仲景《伤寒杂病论》《金匮要略》中除杂疗方外，用到酒的方剂就有十六个。历代有关本草专著，如《本草纲目》《本草从新》《本草备要》等文献，对酒的功能及应用，都有较详的论述。明代李梴著的《医学入门》中，药酒的配方，就有二十四种。

酒为百药之长，喝得其法，有百益而无一害。

非要抬杠的话，试问有哪一位科学家是因为不喝酒而活到了107岁？而酒徒之中，秦含章秦老尚在。

小庙以为酒无须戒，酒徒要把醉瘾转移到酒瘾上，喝酒不能只追求醉酒的结果。

古时候发酵酒，想喝醉还真得一会儿时间，慢醉的过程很愉快，容易控制醉的程度，喝着喝着喝醒了，赶快喝着喝着再喝醉。而现在的蒸馏高度酒，哗一大口下去，立即就有作用了，再加上肚子饱了嘴还饿，可不就沉醉不知归路了。

所以呀，酒不必戒，或者说不要完全戒，功夫练了半辈子自废武功确实可惜。尝试控制，少喝点，喝好点，喝出健康来。

酒能喝出健康吗？我觉得能。无论哪个医生，不能反对健康的首要条件是心情愉快吧。酒作为一个爱好，就能让咱心情愉快。科学家会说别的爱好也能让人心情愉快，但别的爱好咱不会嘛！

如果真的要戒酒，办法也不少，戒酒本身也是有趣的事。能跟自己过不去，并且还胜利了的人，最是令人起敬。总说战胜自己，能做到的真不多。酒瘾也是欲望，欲望通过自制力消弭是很难的，没有哪个哲学家能给咱们一个普世方法，让咱们能克服自身的缺点和欲望成为完人，要不怎么有"修炼"一说呢。我觉得，能成功戒酒戒烟的人，也完全可以成为一代高僧。

　　卖酒的给酒增加了附加值，为了把酒卖贵些，卖多些。咱们也要给酒增加附加值，为了把酒品质提高些，趣味浓一些。好酒有多珍贵，取决于它得来有多难。

　　少喝点，喝好点。

《祝酒歌》

　　京九铁路经过皖北小城，当初去北京仅有一班列车在小城停靠，晚上十点上车，第二天早上就到首都。在火车上很难睡得消停，每次去北京，总要携一壶老酒，以期借酒力入眠。每每上车后安顿好了铺位，伴着几粒花生米就开始喝起来，总要喝上两个钟头，待夜半子时车过了菏泽站，熏熏然和衣而卧，这一觉才睡得沉稳，轻飘飘地从夜晚驶向黎明。

　　第二天一早，人还在梦中，耳朵先被歌声唤醒。浓睡不消残酒，醉意绵绵似醒非醒，眯着眼睛听出来是李光羲的《北京颂歌》。北京真幸运，有这么一首铿锵有力又饱含深情的颂歌。总让人为歌中的优美情绪所感染，温暖人心。

　　躺在颠簸的列车上听《北京颂歌》，是每一次北京之行的开始。感谢李光羲的深情演唱，听得很是忘我。意犹未尽，由此，怀念起 80 年代他的另一首歌：《祝酒歌》。

　　《祝酒歌》画面感很强："美酒飘香歌声飞，朋友啊请你干一杯，请你干一杯……"听着听着，仿佛就看到李光羲先生西装革履，手端酒杯，站在宴会厅放声高歌，人们欢聚一堂，喜迎节日，盛世繁华一派祥和。《祝酒歌》唱得热情洋溢，一曲终了，全体起立举杯共饮，可这时却不见了李先生。只劝酒不喝酒，这酒劝得不诚恳，劝酒的跑了，被劝的居然还能喝下去！

　　有位柳先生曾幽幽地评价说："这要是我在场，酒一定不喝，太假！当然这样的场合他们也不请我。但就算请我，我也未必去。可就算我愿意去，他们也还是不请我。其实不管我愿不愿意去，他们终究都不会请我。"

　　李光羲是歌唱家，为保护歌喉，情有可原。但除了歌唱者李先生以外，《祝酒歌》还有两位词曲作者，不知道他们喝不喝酒。

　　词作者韩伟，曲作者施光南。韩先生曾在公开场合表明，自己和施先生一样不喝酒。据刘再复先生的回忆文章，每年春节施光南都要去刘家做客，可就算春节这样高兴的日子施先生也是滴酒不沾。

叹！三个不喝酒的,却把全国人民劝醉了。

施先生是人民音乐家,不喝酒的音乐家,一生成就卓然。有一首《月光下的凤尾竹》流传很广,据说当时是为了在傣族地区宣传《婚姻法》而创作的,真是如此那就更可敬了,原本应景的工作却成了经典,这绝不是偶然,而是热爱与认真。"人民音乐家"当之无愧。

酒徒之绝交与托孤

有位皖北同乡也算是音乐家,是爱喝酒的音乐家,名曰嵇康,竹林七贤的精神领袖,崇尚老庄。

嵇康崇尚老庄不稀奇。小城本是老庄故地,有本土传承的因素在里面。司马昭杀嵇康也不完全是因意识形态不同,嵇康当世名流,与曹家不仅是同乡,并且还是曹氏宗室的女婿,司马氏密谋篡位,自然要对其一番甄别,拉拢不成的必然要清除。

七贤之中山涛官运亨通,受司马家赏识,在被提拔为大将军从事中郎时,举荐嵇康代替他原来的官职。这个举荐必有上峰的授意在里头。你们哥七个不是好兄弟吗?你把嵇康给我召来吧,表表你的忠心。

山涛比嵇康年长了十八岁,四十岁才入仕途,这时应该在五十多岁。人活到这个年纪就练达得很了,自然知道此番举荐之难,嵇康万一不受,就把自己和嵇康都架火上了。

果不其然,嵇康是万万不受,不仅不受,还写一篇著名的文章《与山巨源绝交书》,名为与山巨源绝交,而一千八百字中,句句指向司马氏的残暴虚伪。文风之犀利,如今读来也是酣畅淋漓。

山巨源就是山涛兄了。一番好意推荐你为官,不受就不受吧,还把举荐人嘲讽批判一番。外人看来,嵇康荒唐。可是诸位,这几人皆是人中俊杰,绝顶聪明,哪能如此浅薄?

往深里想,嵇康实乃为山涛开脱,主动划清界限把山涛摘出去,免受自己牵连。因此山涛虽然挨了骂,心里一定也是高兴的,兄弟情深啊,这就是义气,多年的酒友没白做,推杯换盏之间业已情同手足,生死可托。

一年后,嵇康被抓住把柄,处死在洛阳东市。临刑前,他把一双儿女托付给山涛,并对儿子嵇绍说:"山公尚在,汝不孤矣。"

说嵇康是音乐家也名副其实。除了名头最响的《广陵散》外,他还创作过

《长清》《短清》《长侧》《短侧》四首琴曲，被称为"嵇氏四弄"，隋炀帝甚至把这四首与蔡邕的"五弄"合称为《九弄》，能否弹奏《九弄》成为当时取士的条件之一。此外，嵇康在音乐理论上也有贡献，其著作《琴赋》是对琴和音乐的理解，而《声无哀乐论》则是对儒家"音乐治世"思想进行了批判，并对音乐进行哲学性的思考。

但刑场之上嵇康却未弹奏自己的四弄，而是演奏了《广陵散》。广陵是指如今扬州地区，广陵散的意思是流传在扬州地区的曲子，此曲还有一个名字叫《聂政刺韩王》，附会了一个为父报仇的故事。

聂政的父亲给韩王铸剑，违了期限，为韩王所杀。聂政听说韩王喜欢听琴，于是苦练琴艺十年，扮作琴师接近韩王。进宫时，聂政把匕首藏在琴腹，演奏中突然拔出，把韩王刺死。

嵇康演奏此曲或另有深意，以期儿子学聂政，十年磨一剑，成大器报父仇。这层深意如同一个暗语，当时能明白的人不会多。山涛肯定是明白人之一。若托孤与他人，山涛万一露出《广陵散》之寓意，儿子则性命堪忧。而托孤与山涛，山涛则必保全。

山涛果然不负重托，把嵇康的遗孤视为己出，并抚养成才。但讽刺的是，山涛虽领会了《广陵散》，却终把嵇绍举荐入朝为官。山涛呀山涛！不负重托乎?!

嵇绍为官堪为楷模，"八王之乱"的时候，为保护晋惠帝司马衷而殉难，成为晋朝著名的忠臣。老子誓不投靠，儿子却成了人家的忠臣，到底是老子英雄还是儿子好汉呢?!

造物弄人，历史吊诡。

传统名酒之竹叶青

竹林七贤皆是酒徒,但个个业有所成,唯独刘伶是纯粹靠喝酒而负盛名。

刘伶也是皖北人,与嵇康算是半个老乡,他只留下一篇小散文《酒德颂》,宣扬了一番老庄思想和纵酒放诞之乐,别的乏善可陈。

刘伶酒量"一饮一斛,五斗解酲",一次能喝一斛,醉了还得五斗来醒酒。魏晋时期一斛是十斗,一斗为十升,每升约合如今二百毫升。那么一斛换算出如今的计量即是两万毫升,也可以粗略理解为四十斤。

这个酒量见《世说新语》中《刘伶醉酒》一篇,不足信,因为还有证据说山涛是七贤中酒量最大的,而山涛最多也只能喝八斗,也就是三十二斤,刘伶应该不超过这个量。山涛比刘伶能喝,但从不喝醉,刘伶酒量不如山涛,但逢喝必醉,因此刘伶名气大不是因为酒量大,而是酒瘾大。

三十二斤如是蒸馏酒,七贤一起喝,每人也得四斤半,真一次喝完的话估计得死伤几个。当时的酒都是发酵酒,如今皖北小城的"浮子酒"很接近当时的酒,酒精度数应在十度上下。

嵇康隐居河南修武云台山,其他六贤来修武结交嵇康,相携竹林游乐,纵酒放歌,一场大酒喝下来,消消停停地醉了醒醒了醉,个别人喝个二三十斤或许真有可能。

当时发酵酒中,荆南乌程酒和豫北竹叶青名气很大。《晋书》中有张协《七命》云:"……乃有荆南乌程、豫北竹叶……"曹魏时期的豫包括了如今河南大部分、安徽以及湖北的北部地区,治所设在孟德故里,即是如今皖北小城也。豫北竹叶,当是豫州北部所产竹叶青酒,这一点,很多文献可以佐证。

竹叶青制作方法不难,应是把竹叶与米一起蒸煮而后发酵,即成酒。嵇康酒徒,隐居豫北,竹叶青一定是常备的。有时遐想,所谓竹林七贤,竹林二字也可能是代指竹叶青酒。不管史实真相如何,七贤起码是肯定喝过竹叶青的。就好像如今酒徒,不管酒量大小,当世名酒总要尝一尝,条件允许的话,能尽兴而饮才好呢。

历代很多名士对竹叶青都有点评，溢美之词不胜枚举，在此不赘述。自魏晋至明清，竹叶青长盛不衰，其间酿制应该没有变化，皆是用鲜竹叶和饭发酵，但清中期开始式微，直至不见踪影。后世有人重新发掘这个酒却不对路子，徒有虚名，甚至故意混淆视听，给后世酒徒造成不小的误解。

后人借《本草纲目》所载"竹叶酒"一方，以此为据发展各种药酒、露酒，名曰竹叶青，鼓吹如何源远流长、如何疗效显著。若仔细看，《本草纲目》点名用的是"淡竹叶"。不错，是有一种叫淡竹的竹子品种，但这里的淡竹叶却不是淡竹的叶子，而是另一种草本植物，这个草的名字就叫"淡竹叶"。用中药淡竹叶做成的酒叫"竹叶酒"，竹叶酒是药酒，与竹叶青酒是两回事。竹叶青不是药酒，其技术含量并不高，一点也不神秘，不过就是酿酒时加点竹叶，改一点色泽口感，喝个竹叶青青的感觉，仅此而已。

酒出民间，很多传统酒都是以酿制的方法或材料来定名，例如竹叶青、五加皮、莲花白等等，这些应该算作公用名称。无论谁家在酿酒时加了竹叶，都可以叫竹叶青，因为家家都会加，并不是某一家的独有秘方，这就是公用名称的意思。

大家看看二锅头。因为这个名称所代表的工艺方法不是独创，而是历史遗产，属于全体国民，所以人人可用。若是谁家想与别家区别开，可以在公用名称前加个自创的特定名称，所谓注册商标是也。大家明白为什么有那么多不同厂家的二锅头了吧。

但也有一些商家为了专享费尽心机，个别的居然也能如愿以偿。他们为避免窃取公用名称之嫌，变着花样巧取豪夺，例如把简体字写成繁体字，再嵌入图画当中，以图形来申请注册。

想到这些就烦躁，郁闷不已，每到此时总想找三两知己，一壶老酒佐谈。拿起电话想半天，还是算了吧。打电话约酒确实方便，可我更期待不约而至的惊喜，假如正在家中想喝酒，忽然听到敲门声，开门一瞅，老友携酒而至，那才是真快乐。如今信息时代，不约而至的快意再也难求。

酒徒之一院紫竹箫声远

一时兴起，提壶老酒兴冲冲去做不速之客。叩开老友家门，看主人一脸惊愕，我却满心欢喜，寻的就是这不约而至的快意。小院子里摆上四方小桌，一碟花生米，几个家常菜，小饮清谈足矣。

在我眼中，老友也算是音乐家，市井之中堪为高山。

年少时候学钢琴，后来看见别人弹吉他，他就改学了吉他，几年后迷上了小提琴，又改成大提琴，再后来又玩了几年爵士鼓，直到中年以后爱上竹笛洞箫才不再折腾。经历可谓丰富至极，如果让他综述一下音乐之路，他最爱用一个故事来总结，那个故事叫"小猫钓鱼"。

老友除了玩音乐外还有一好，喜欢自己做乐器。当初拉了两年小提琴后，接下来用两年时间研究制作小提琴，弄了一院子的模型，没有一个能拉得响。小提琴的制作宣告失败后，他又兴趣盎然地投入大提琴的制作中去了。

我总觉得他应该当个木匠。

半生蹉跎，一件乐器都没做成，直到学了竹笛洞箫才如了愿。栽了一院子的紫竹，每到春夏之交，把去年采下经年历冬的竹子取出来，一根接一根地打磨钻孔。做完以后精心挑出最好的留给自己，剩下的随手送人。

老友工薪阶层，安享世俗生活，业余喝酒养竹，与世无争。他性格内敛，永远不会突然造访，不会提壶酒寻友换杯。但你若找他，他能把天大的事都放下，赤诚相待奉陪到底。他郊外的小院子，是知己好友最爱相聚之处。

知己饮酒，话不必多。有时喝得冷场，各自想着心事沉默不语，或念天地之悠悠，或忧市井之冗繁。醉意沉沉时，老友款款取出洞箫，一曲倾情，竹林之下听之心醉神迷，飘飘然如处化外之境。

奏的是昆曲《游园》一折："原来姹紫嫣红开遍，似这般都付与断井颓垣，良辰美景奈何天，赏心乐事谁家院……"

晚风徐来，箫声悠远，目及之处满园苍翠，竹叶青青。

小城故事之众生之恕

大脚老李出走以后，炸油条的老高很是惋惜，经常唠叨这个老邻居。一次我在他店里用早餐，听老高又和街坊聊老李，老高媳妇是个糊涂人，忽然就发问："大脚老李、大脚老李，喊了这么多年，这大脚老李姓啥，我都不知道。"

这话问得振聋发聩，把全场都镇住了。老高倒是气定神闲，很真诚地对媳妇说："大脚老李姓张。"

老高媳妇很认真地念叨了一遍："原来他姓张呀。"好像要努力记下老李姓张似的，摇头晃脑又忙店里的活去了。

老高看看大家说："明天大家来，问她大脚老李姓啥，她还是不知道。"

老高在老街口碑不错，唯一不足是平时爱打个麻将，对家庭照顾不够，孩子疏于管教，学习就耽误了，高中毕业没考上大学，去了外省打工。

这孩子在一家大酒店里做传菜员。据说一次给某个房间传菜，恰好这个包间的服务员出去了，客人就让他把菜直接端上来，而且要放在主客的面前。小伙子传菜没问题，上菜是第一次，有点手足无措，不小心就把桌上的一杯酒打翻，弄脏了这位主客的衣裳。主客倒没说什么，但请客的不愿意了，"啪啪"就给了小伙子两个嘴巴。酒店经理也混蛋，跑过来净当孙子，光赔不是不说，还当场表态要扣小伙子工钱赔给人家。这请客的更混蛋，人家经理赔不是了，你就顺坡下驴吧，他偏不，趾高气扬又补了一刀，他说："你的工钱别说赔这身衣裳，能赔得起这杯酒钱吗?!"

小伙子一想，谁叫咱是穷人家的孩子呢，兜里确实没钱，人家一顿酒咱得干一年，当时就万念俱灰了，那个委屈那个为难，唉！

十八九岁的小伙子，血气方刚。哭着小声嘟囔了一句什么，语焉不详，然后顺手推开窗户，就跳了楼。

自古皆有死，莫不饮恨而吞声。

小城故事之于无声处

老高有位内兄，也就是老高儿子的舅舅，姓朱，爱好书法，性格有些迂腐。书法写了几十年，一点名气也没有。

就皖北小城来说，写书法的若排个名，前十名里面肯定没有他，前五十名也不会有，前一百名如果有的话，很多人也会不服气。

但无论谁都承认一点，老朱在书法方面下的工夫，恐怕比前十名加起来的都多，可不管怎么勤奋，字就是没长进。行家怎么评价不说了，他自己都觉得寒碜，曾经很忧郁地对大家说："我怎么就看自己的字不顺眼呢。"

搞艺术确实需要天赋，不是凭努力就能行的。那句什么"天才就是百分之一的灵感加上百分之九十九的汗水"的下半句最适合他："没有那百分之一的灵感，世界上所有的汗水加在一起也只不过是汗水而已！"

而他仍是孜孜不倦，勤勉得很。我曾经在某个场所见几个老婆婆拿着纸笔画划，真的是画划，因为都不认字，就是瞎画，她们说画的划没有任何意义，就是在画的过程中很快乐。这恐怕也是老朱痴迷书法的原因之一：沉迷书写过程的快乐，而不是对造型艺术有多高的追求。拿起笔落在纸上，心中就有一团火，像躁动，像放纵，每一分每一秒都在动。

一个人，爱好一个东西，弄了几十年，哪怕一点成果都没有，就那份执着，那份享受的劲，已足以令人肃然起敬。

老朱的营生是卖字，在老城很繁华的一条街上，某两座楼之间的巷口，摆了个摊，主要给别人写个帖，写个告什么的，偶尔也会卖上一幅中堂。有买中堂的老朱就很兴奋，恨不得免费送，生怕人家买回去不挂似的。

曾经有人让他写碑文，老朱兴冲冲地写好了，人家拿走又送了回来，改了几次三番就是通不过，后来一打听，原来那一头的风水先生为难他，没告诉他合黄道的法门，就等着老朱去请教。老朱不懂这个，后来还是同行指点，拎包茶叶去拜访了一次才拿下。

稍稍跑跑题,合黄道也算是传统的一种吧,比如说"黄道吉日",这个吉日就是用黄道算出来的。怎么算呢?黄道分大黄道和小黄道,分别用两句话来应用。还以老朱写碑文举例,大黄道是用"道远几时通达,路遥何日还乡"这十二个字去套,轮回循环,最后一字落在带"走之底"的字上是吉;小黄道用"生老病死苦"这五个字,同样轮回循环,最后一字落到"生"或"老"上才吉。

中国人聪明,讲究,什么事都有门道、有章法。

老朱爱喝酒,他的酒具很特别,是中华墨汁的小瓶子。许多 60 后、70 后应该见过那种小玻璃瓶,小小的,圆圆的,容量就是 50 mL 上下。老朱把它洗干净了装上酒,摆在案头,写着写着来一口。尤其是在冬天看他喝酒最是有趣。

坐在巷口写字,寒冬腊月的那个冷可想而知,老朱写着字冷了,把笔一丢,拿起小瓶子,咕咚咕咚灌几口,然后双手交叉抄在袖筒里,屏住呼吸闭着眼几十秒,忽然就长叹一声:"啊——"不知道的路过听这一声,会以为老生要开唱。老朱喝酒限量,上午一墨汁瓶下午两墨汁瓶,吃饭时间不喝酒,晚饭以后不喝酒。高明之处在于一年四季,每天如此,而且酒量虽小,酒却不含糊,必须是春天第一池子的小窖,没有三年以上根本不入口。

老朱恬淡的日子过了几十年,很是知足常乐,直到外甥的事发生,让他动了肝火。

老高两口子接受了赔偿息事宁人,老朱却难以释怀,极为悲愤,从此几年间不停奔走。一般上访告状的路子老朱也走了一遍,但因为老高夫妻已经妥协,所以收效甚微。后来老朱改了策略,拿出了看家本事,书法。

他去首都,带上两个军用水壶,一个装酒,一个装墨汁,毛笔往军大衣里一掖就出发了。皖北有去北京的直达火车,但老朱不坐,他坐那种一站几十公里的城际交通的客运汽车。每到一站后,他就溜达到半夜,待路断人稀的时候,他拿起毛笔在汽车站和火车站的墙上写状子,但凡有白墙,他就写。时间长了,他写的状子也慢慢改变风格,开始是长篇大套,生怕不详细,后来越写越精炼,简单几句话,就勾勒出大概,感染力超强,看者无不动容。

老朱也精明,他不是直线走,而是看似漫无目的,交叉着朝北走,搞得谁也不知道他到底要去哪,神龙见首不见尾。到后来首都去不去也都无所谓了,就是宣传宣传,借以宣泄心中的不平。几年下来,老朱的书法大有长进,一尺见方的字,力透墙背。

有志者、事竟成,破釜沉舟,百二秦关终属楚;

苦心人、天不负,卧薪尝胆,三千越甲可吞吴。

这副对联可以挂在老朱家的墙上,人微言轻的老朱,就这样几年下来,居然真的讨得了公道。

现如今,老朱归于恬淡,颐养天年。

曾经老朱晚上爱拿笔蘸水在路边石板上写字,这些年这样写字的多了,老朱不落俗套,改了路子。每到月明星稀的夜晚,他就拿支笔到河边上,在水面上写。月光下,毛笔在水面轻轻滑过,惊起一串串的涟漪。

写得很慢,很温柔。

第 六 章

难 得 有 酒

酒之美在人，人之趣在酒，但
有美酒，夫复何求？

酒触情怀之岁月回响

酒之美,不仅于酒本身,更在于由酒而延伸的诸多情怀。

就像听一首熟悉的老歌,感动自己的是它曾经陪伴的旅程。某一款酒能勾起的回忆,也不仅是曾经如何地烂醉如泥,还有岁月长河中的小小回响。

一九八九年的冬天,我在北方。

一个来自南方的战友和我一起,沿着驻地栽满白桦树的小路漫步,后来在空旷的操场,一小瓶现在已无处寻觅的小酒佐谈,到如今那股浓香依然不散。

北方的冬天,寒风凛冽,空气冰冷但清澈。几句话说完,呷一口酒,仰望漫天星斗,又继续言之凿凿地空谈,貌似激怀壮烈却又感慨万千,当真是少年不识愁滋味,而又为赋新词强说愁的样子。

那一晚好像谈到了理想,也谈到了爱情,谈到了要成为什么样的人,要做哪些有意义的事,要去哪里旅行,要去找哪一个人。但具体是些什么,无从追忆,已随风消散。回想起来,感动我的仍是那两个懵懂少年,在夜色中借酒助兴,促膝长谈,满怀对未来的好奇。

如今人到中年,没有哪个朋友还会陪着自己谈理想。假如在某场酒宴中提议大家谈谈理想吧,那比喝醉了撒泼还搞笑。时间改变了你我,欢聚时的谈资业已更改了主题,年轻时对未来的憧憬如今已转变为对过去生活的吐槽。一场酒喝上几个小时,真心话却一句也不曾说出。

生活越来越现实,现实到我们都不太会做梦了。

所以喝慢酒,喝闲酒,是在踏步向前的岁月中,能让我停一停的美好方式。从繁杂的生活中解脱一小会,歇一歇,缓一缓,借着杯中酒和自己说说话。沉寂在安宁的自我,把烦恼转移安放。这一小段的闲暇,也将是人生路上抹不去的留痕。毕竟现在的每一分钟,都是未来再也回不去的曾经。

酒触情怀之粗茶淡饭间

酒,多美妙的一个字。

饭菜摆起来,一家人围桌而坐,老婆孩子叽叽喳喳地聊天拌嘴,咱端一杯酒,就着离咱最近的那盘菜,左一小口,右一小口。安静地体会身体因酒而起的变化,感受口舌生香,如细雨湿衣,春风拂面,感受五脏六腑,好像整张紧绷的网逐渐松弛,感受四肢百骸渐渐舒展,仿佛胳膊一伸就能够着天边……

妙处难与君说,难与君说。

说到饭前喝酒,想到有酒友谈到老酒徒每晚饭前半斤酒,五十多岁的年纪看上去像六十多岁。虽然现在不喝了,但耳朵眼睛有不健康的可疑现象。每晚半斤的量有点大,喝酒精勾兑的酒,本就不安全,何况长此以往大量饮酒呢。

戒酒吗?倒不必,可以喝,但喝点好的,量要小点。如从经济账算,原酒买回来自己窖存,其实也不贵,一次喝个一两二两,不花很多钱,咱们老百姓都能消费起。

你能让他喝上好酒,但你未必能说服他喝酒定量。一般一次喝半斤的主,正是走在成为酒神的路上,而且到了关键一步。这个喝酒的时期,喝酒目的简单直接,就是"把头搞晕"。越是上头快的他越喜欢。

酒喝好了,延年益寿,鹤发童颜的老酒徒最是令人仰慕。这样的老神仙,都是爱喝慢酒的,量还都不大,但喝得讲究,喝得美。

生活就是这样波澜不惊,咱一介百姓,日出而作日落而息,没有大起大落也没有大悲大喜,有时候觉得人生太漫长,活得不精彩,偶尔也会壮志凌云一番,赶快抽根烟,心绪就会很快平息。

"曾因酒醉鞭名马,生怕情多累美人",就做个老百姓吧,安安稳稳,平平淡淡,有点小爱好,把日子过得安宁,把爱好搞得精致,一辈子过下来,夫复何求。

酒触情怀之买醉何苦哉

一些酒友评价酒时，多喜欢从口味上谈起，津津乐道味觉的体验，却对喝酒以后的身体反应不太关注。曾有一位，能很细致地描述不同的酒的口味差别，从中分辨出哪一种好喝或是哪一种不好喝，描述得非常传神，可一说到醉后的感觉，语言就单一直白："喝醉了都一样难受。"

酒，仅从口感来判断优劣很不靠谱，原来谈过香料的作用就是模拟出最好的味觉，勾兑出好口味，就像东施粉饰出西施的外表，充其量算是人工美女。若铅华洗尽，便再也看不到一丝丽质。

酒喝下去好比美人卸妆，素面朝天依然芳泽不改，方堪为佳人、堪为美酒。

直白点说，好酒不仅要有好口味，还必须喝醉了身体不难受，越喝越好喝，越喝越舒服。古人常用"买醉"一词，今人读来或有不解。醉后心慌口干头疼、耳鸣目眩、手沉身重，极其痛苦也，买醉何苦哉？！

非也非也，好酒长醉绝非酒精之醉所能比拟。酒入口如兰若馨，醉至酣意驰神玄，筋骨舒展，尘心愉悦，如临瑶池而沐，轻飘飘散适松弛，自内而外云行雨施，淋漓通透。醉之美，于斯可谓其极。

酒徒爱酒，常有奇思妙想。古往今来，无数高山为得美酒一杯，不惜殚精竭虑以期精益求精。而今世言美酒，多为勾兑之法，鱼目混珠，迷雾重重。可惜如今酒徒只知当泸而买，饮不问出处，醉不论深浅。叹酒至穷途，非酒之罪也。

酒触情怀之夜雨敲窗

深秋回小城蒸酒，秋雨绵绵几日不休，心中窃喜。每日早早回到蜗居，先痛快洗个澡，然后亮起台灯，倒一盅酒，慢慢喝着翻书看，听窗外雨落屋檐，安逸得很。

此时酒与书还在其次，台灯是主角，要用夹置式的阅读灯，方便夹置在床头，微醉以后躺下来，更能随意慵懒。灯泡必须是四十瓦的白炽灯，发出黄色光亮，很温馨。如果换成节能灯那种白光的灯泡，感觉就差了一些，冷飕飕的。有了这盏白炽灯，在秋雨纷纷的漆黑夜晚，仿佛无边黑暗的山谷中一间温暖小屋，而我恰在其中，漫翻书卷，浅酌老酒。

此时下酒最好是本温情点的书，光怪陆离的内容也煞风景。二十年前的一个冬夜，买了本《酉阳杂俎》，夜深人静的时候，倒杯酒开台灯，静下心来认真阅读。这本书的作者是唐朝的段成式，里面最好看的是志怪小说，尽讲一些妖魔鬼怪的故事，并且讲得声情并茂煞有其事。

我至今认为老段是把这些内容当成见闻记下的，当时一定是深信不疑。他若是活在当代，必是个不合格的记者，仅凭道听途说就信以为真，再加上文笔又好，添油加醋一番之后，更让后人读来有宁可信其有之感。

记得当时连读几个故事，几大口酒灌下去仍感背脊发凉毛骨悚然。合上书本想定定神，却听得窗外寒风呼啸，如龙吟，若鬼哭。

忽然就感觉到"怕"，理智控制不了的那种。明知道故事是假的，可就是感到自己背后有人，不敢闭眼，闭上眼就感觉背后那个人转了过来，近距离地在面前注视自己，一副无辜的打扮，手指着某个方向，披头散发，不言不语。

后来躲在被窝里听谭咏麟，注视着四十瓦的白炽灯愣神，有种大难不死重回人间的感觉，心有余悸又暗自庆幸，生活真美好。一盘磁带翻来覆去地听，其中有一首歌叫《像我这样的朋友》，听得很是动情，冲淡了段成式带来的惊悚。那一晚最后的记忆，是双卡录音机在两首歌之间的几秒静默，机械齿轮沙沙响，以及喇叭里的电流声。

酒触情怀之行棋无悔

快乐不一定要有所得，无所求又何尝不快乐。

无所求不是不求，而是不强求。好好学习，努力工作，挣良心钱，吃干净饭。不去贪婪地要求自己得到这些那些，即是无所求。

人有时候会受到外界的很多影响，看见人干吗就想着自己也要干吗。听过有人感慨，谁谁谁比我傻，居然他就发财了。还有的说，我要怎样怎样，一定会如何如何。但你想过没有，就算你成功了，也不过是让自己成为别人，而那或许并不是真实的你自己。

假如我们在做一件事情以前，没有确定自己的价值观，或者盲从于普世的甚至是别人的价值观，那么不管行动是成功还是失败，结果都是更深的迷失。所以我们总会听到在老之将至的某个黄昏，有悔不当初的一声叹息传来。

我之为我，足迹难涂，行棋当无悔。

但这些又和酒有什么关系呢？我觉得关系还挺大。假如没有确立自己的价值观，那么我怎么知道爱酒于我是什么意义呢?!

如果有一天老之将至，让我做一个人生回顾，我会在诉说中用大段的话语来描述我的老友:酒。

快乐时候它升华我的快乐，忧伤时候它消解我的忧伤。我温顺它就温顺，我暴烈它也暴烈。如果曾经酒后得罪过谁，我得说，你不需要原谅我因为喝醉了酒才得罪你，其实是我想得罪你，而故意借酒得罪了你。

真的不怪酒，与酒无关！

酒触情怀之青春堪回首

20 世纪 90 年代时，二十郎当岁，冬天，和三个发小喝酒，四个人两斤老酒，喝得醉醺醺，然后去澡堂子洗澡。那个时代没什么娱乐，饭后就是洗澡打牌什么的。

老式的大澡堂子有两间屋子，一间摆满小床，客人来了找个位置把衣服朝床上一脱，就奔另一间洗澡去了。洗澡的房间都有一大一小两个池子，大池子的是温水，小池子的是热水，一般都是先下大池子泡一泡。可巧那天这个澡堂子有点问题，只有小池子能用，大池子里是凉水。

年轻人爱出风头，洗个澡也是鸡飞狗跳。老老实实地先在池子沿上坐下来，然后慢慢把腿放进去，再龇牙咧嘴缓缓把整个身子续进水里，站在池子沿上，那都是有点年纪的老先生干的事。小伙子们搭伴洗澡，先一步登上池子沿，然后纵身一跃，要的是投奔怒海似的一派豪迈。

这天哥几个脱完衣裳，前后脚都去池子里间。先去的哥们"咚"的一声跳了下去。水是冰凉的水，心是火热的心，人愣是不言语，连抬抬身子都没有，咬紧了牙关紧闭着眼，就等着第二个人来。

第二个哥们走进来，双手一伸高呼一声"小爷来招平沙落雁"，"嗵"的一声又冰镇了一个。这哥们头从水里刚露出来，打了几个寒颤就想开骂，被第一位及时拉住了。第一位嘴唇都紫了仍没忘挖坑："忍住，他俩还没下呢。"另一位一想有理，抖着腿蹲了下去。

第三个哥们绰号"媚眼哥"，平常做派浮浪，可行事却极其老成。他进来一瞅前面两位与往日不同，水面上光露两脑袋，闭着眼睛抿着嘴，不说不笑不打闹，心想这是池子漏电了吗？随即伸手一抄，水是冰凉刺骨，立即明白了这中间的曲折。这哥们没言语，从容转身朝外走，一打帘子正好和我照面，我问："你咋不洗？"他说："我忘拿毛巾了，你先洗。"

时至今日回想起来，我仍是钦佩媚眼哥当时的机智沉稳，不露声色地把我也骗了过去,直到半年以后才找到机会报了这一箭之仇。

这天,媚眼哥弄了一盒磁带,其中有史蒂夫·范的 *For the Love for God*,在当时,史蒂夫·范于我们来说是神一样的存在,只知有此神却看不着找不到。回忆起来,当年如同生活在古代,哪能像如今信息社会这么方便。

一盘带子听得大家神魂颠倒,翻来覆去听到下午,都有点乏,但也很兴奋,就想喝点酒。酒是现成的,媚眼哥端起大茶缸子去老爷子院里舀了几斤过来,但苦于没有下酒菜。哥四个翻遍了裤兜只凑出来三块钱,张罗点什么好呢,想来想去得找援手。隔壁有位青年姓路,家中兄弟五人,他排行老四,人称四弟,刚参加工作,在一饭店学大厨,也是平时厮混惯的好朋友,媚眼哥隔着墙把四弟喊了过来,把这三块钱交给了四弟,嘱咐他弄四个菜来一起喝酒。

巧妇难为无米之炊?非也,四弟有办法。从街口菜摊买来两样,一曰荆芥,二曰黄瓜。四弟不辞劳苦,带着菜回家一番烹饪真弄了四个菜过来,分别是:荆芥拌黄瓜、黄瓜拌荆芥、荆芥拌荆芥、黄瓜拌黄瓜。四个凉菜,好!时值盛夏,就是得吃点凉菜消消暑。不过这拌来拌去过于重复,我们小心和四弟商量,能否把这四个菜倒一个盆里算了,四菜合一菜。四弟听了很不高兴,坐在柳树下面端杯酒一饮而尽,仰面朝天长叹:"黄金万两易得,知己一个难求。"

哥几个赶忙敬了杯酒请四弟息怒,虚心求教这四个菜有何精妙。四弟一面摇着大蒲扇一面给大家上了一堂美食课,他说:"黄瓜拌荆芥是黄瓜多而荆芥少,黄瓜是主材,所以叫黄瓜拌荆芥;荆芥拌黄瓜是荆芥多而黄瓜少,荆芥是主材,所以叫荆芥拌黄瓜;荆芥拌荆芥,纯拌荆芥;黄瓜拌黄瓜,是纯拌黄瓜。你们说,这能一样吗?"

"不一样,不一样。真的不一样。"

"至于味道,这四个菜有四种口味,分别是偏咸不淡、偏淡不咸、不咸不淡、不淡不咸。偏咸不淡是盐放多了,偏淡不咸那是没放盐,最妙是不咸不淡和不淡不咸,吃一口感觉到咸,但一回味觉得有点淡,这叫不咸不淡;吃一口感觉很淡,可一回味又有点咸,这叫不淡不咸。你们说,妙不妙?"

"妙,妙不可言!"

扯着咸淡喝着闲酒,一个下午匆匆过去。四大美食不抗饿,哥几个肚子饥了,商量晚上吃点啥。座中有位赵兄自告奋勇,要去找些银子买熟食回来,哥几个大喜,纷纷向赵兄致以敬意,赵兄骑着媚眼哥的自行车就去了。一两个钟点后,赵兄大包小包地拎着美食徒步归来,又是猪头肉又是牛板筋的,很丰盛。哥几个高兴啊,吃了一下午的草,总算见了荤。媚眼哥亮了个杨子荣的身段,念白道:"弟兄们,重开宴席。"

接下来这酒就喝得很愉快,嬉笑打闹着喝到深夜,连四弟都醉倒在媚眼哥的小院里。媚眼哥的半新自行车虽被赵兄当废铁贱卖了,但换来这一晚欢乐也值。

夜半梦醒想起半年前那档子事,睁眼一看都七仰八叉地在月光下睡得正好,正是报仇的好时机啊!找出毛笔来给媚眼哥脸上画了一些小画,眼镜框、八字胡等等,画完还在后脖子落了个款"爷乃媚眼哥"。

下半夜乐得就没怎么睡觉,天刚一放亮就忙不迭地唤醒了媚眼哥,拉着他去早餐摊上吃包子。他还很诧异呢:"卖我自行车的钱昨天不都喝完了吗?"

今天哪怕再卖你衣裳也得吃包子!可为什么要吃包子呢?不知大家注意过没有,早餐摊上只有卖包子的地方人最多。因为卖包子的顾虑包子凉了不好卖,所以两笼包子之间就等着凑买主,等到买包子的人来得多了,差不多一次能买完一笼时才去开蒸笼。因此卖包子的地方总有一堆人在等。

想想那时候,哪怕穷得像孙子似的,也每天乐呵呵高兴得像个爷。如今人到中年,微醺时总爱把那些丢在青春里的欢笑翻出来,仔细地回忆,一遍又一遍,认真的样子就像当初的那个少年,在无数个夜晚凝望着窗外,幻想着未来。

佐酒三赏：花·雪·月

酒有三赏。

一曰赏花。每年农历二月，惊蛰以后桃花盛开。这个时节阳光充足但春寒料峭，最是乍暖还寒时候。邀三两好友或携荆妻幼子，至山中野外，寻一树桃花，陈年老酒佐淡淡春风，微醺时候席地而卧息语凝思，感受万物复苏，泥土芳菲。

二曰赏雪。"晚来天欲雪，能饮一杯无？"刘十九听白居易问到此句，焉能无动于衷。冬夜寒彻，雪落无声，知己好友围着火炉烫壶新酒，感天地悠远今古浩荡，浅酌一杯，醉人的又岂止是酒。

三曰赏月。赏月最宜秋夜水边，所谓"星垂平野阔，月涌大江流"。平生所愿，最望能秋夜泛舟洞庭，带一坛好酒，醉入张孝祥的境界："尽挹西江，细酌北斗，万象为宾客，扣舷独啸，不知今夕何夕。"

小城故事之百样醉态

有位酒友王先生,喝多了以后走起路来忽左忽右。据他说,他喝醉以后看原本笔直的马路是弯曲的,成 S 状,为了防止摔倒,便尽量沿路的中间走,所以在别人看来他走路忽左忽右,可他却以为自己一直走在路的中间。

还有一位好友冯先生,走起路来一会高抬腿,一会弓着腰。据他说,他喝醉以后看原本平坦的马路是起伏不平的,所以他一会爬坡一会下坡。有时候走累了心里烦,掏出手机投诉,命令市长跑步过来接电话。奇怪的是,每次都打 114。我问他:"你咋不打 110 呢?"这哥们回答说:"咱酒醉心不迷。"

还有一位好友丁先生,喝多了分不清白天黑夜,谁要是碰巧和他夜宵喝上一杯,那算是走不掉了,饭馆老板要是来劝劝:"哥几个,天晚了啊。"丁先生会很不高兴,用手一指漆黑的夜晚:"这天还大亮呢,晚什么?"

丁夫人告诫他晚上喝酒要注意,看见天还亮着就是自己喝多了。可问题是丁先生总是以为这天还大亮着呢,才开始喝怎么会喝多呢。后来冯先生帮丁夫人想了个办法,丁先生晚上要出去喝酒,就逼着他在脖子上挂个墨镜,喝得差不多了让人给他戴上。

一场酒喝下来,到了丁先生抬头对着电灯高呼"好大的太阳"时,知己好友就起身把眼镜给他挂起来,果真是酒醉心不迷,丁先生戴上墨镜就清醒了:"天都黑了,回家回家。"可大晚上的戴个墨镜也看不见路,有时候冯先生就得送丁先生回去,且看夜半街头,冯先生小心翼翼地扶着丁先生在马路上走,提醒着丁先生注意脚下:"上坡了上坡了,抬腿抬腿,哎哎,下坡了下坡了,弯腰弯腰。"这还不热闹,还有王先生在身后关心着呢:"你俩倒是走路中间啊!"

酒酣之时,各种奇葩皆有,哪怕平时再严谨的人,多灌几杯,也是性情尽显。有人醉了看谁都可亲,有人醉了看谁都可憎,有人遇人送钱,有人逢人讨债,有人哭有人笑,有唱歌的有唱戏的,有要跳舞的有要跳河的……

醉态种种五花八门,酒里乾坤煞是热闹。

小城故事之晴空霹雳

有位先生姓李名黑，最是至情至性之人。话说李黑幼时，街坊有位老奶奶仙去，宴席上有道八宝饭，李黑最是喜欢。怎奈同桌街坊小友皆有此好，小李黑吃得不尽兴，勃然大怒，怒斥道："等我奶奶死了，八宝饭都是我的，你们谁也吃不上！"此后数十年间，但凡有李黑在席，八宝饭皆为他所专享。

成年以后本色不改，尚义任侠，可嗜酒如命，有自荐之语广为流传："专业陪酒，逢喝不误，十里八里自带胶鞋雨伞，喝死喝伤与东家无关。"可见李黑爱酒之深。

李黑普通市民一个，没什么就业门路，起先在搬运站当搬运工。搬运站很有特色，当年运输皆靠人力，政府就组织个搬运站，垄断车站码头的货物装卸，正式员工，貌似是大集体身份，大集体这个身份我多年也没搞清到底是个啥身份。后来改革开放了，搬运站也曾努力转型，办搬运公司，但于事无补，90年代后就绝迹了。

搬运站挣的工资不够李黑喝酒，经济上时常窘迫。但饭可以不吃，酒不能不喝，因此李黑常为酒钱苦恼。

一天，卖包子的大脚老李头顶着筐正要出门做生意，抬眼看见李黑在街口晒太阳，老李灵感来了，随口喊了句："包子好吃酒难喝，羊肉包素包……"卖包子现编词，这是大脚老李的成名绝技，小城无人不晓，无论编排谁，听到了也都是一笑而过。

可巧这天李黑闲极无聊，听见这句像抓住天大的把柄似的，拦着老李不让他走，说心受伤了，不能活了，非得用老李的搪瓷缸子喝二两才能治。老李被缠得不行，只得回屋倒了半斤酒出来，又端上一盘素包子，让李黑吃上喝上，这才脱了身去卖包子。

一筐包子卖完，老李迈着大步往回走，到包子铺一看，嗬，李黑居然还在门口喝着呢。老李心里一惊，暗道不妙，赶紧三步并作两步跑到屋里找自己的酒坛,打开盖一看,约摸又被李黑倒了一斤多酒去。老李哈哈大笑也来了兴致,自己倒上半斤走出来,伴着李黑喝上了。

老话说,牌越打越薄,酒越喝越厚。酒逢知己,喝着聊着就相互交心起来,李黑嗟叹自己这个喝酒的病,比老李还重,不喝酒真是不能活。怎么能天天不干活也能有酒喝呢,愁得睡不着觉。老李见多识广,听李黑有此苦恼,略一沉思,随即给李黑指了一条康庄大道。轻轻松松有酒喝,最好的去处是拜理发店的双喜为师,学做吹鼓手。

吹鼓手代指响器班子,无论谁家婚丧嫁娶都离不了,红白喜事上响器班子去表演称之为"上事",上一次事一般是两天,东家除谢仪之外,这期间还要款待四顿饭,饭菜随大席一致,烟酒管够。李黑一琢磨,高兴得直拍大腿,真是天无绝人之路,当下谢过老李指点迷津,同时又向老李借了点钱备上四样礼品,忙不迭地去理发店找双喜去了。

开理发店的双喜在小城小有名气,幼年从师,专攻唢呐。吹鼓手是他的主业,理发是副业,不出去上事的时候,就在自己的店里给顾客理发。小城这边吹鼓手都兼营理发店,两个行当合二为一。虽说理发的未必都是吹鼓手,但吹鼓手绝大多数都理发剃头。曾向很多吹鼓手求证这是为什么,他们众口一词:这是惯例,自古皆是如此。可惯例是怎么形成的,为什么自古皆是如此,谁也说不出个所以然。

这两个行当紧密地交织在一起,从行规来看,也确实不分彼此。例如:响器班子给婚丧嫁娶的上事,吹吹打打地招摇过市,遇到路边有理发店时就得"息鼓",所有乐器都停下来,等从人家门口走过去以后,才能再次起鼓演奏。

"息鼓"明显是把理发的视为同行,遇见同行把乐器藏起来这是美德,表达谦逊的姿态。但如果不是两个行当有渊源,吹鼓手凭什么要对理发的谦逊呢?遇见理发的就当成同行相敬,可见两个行当的渊源之深,果然有自古皆是如此的可能。

双喜和李黑的父亲原本是多年酒友交情不浅,视李黑为子侄一般看待,如今李黑求上门了,双喜也不矫情,满口答应,只不过怎么把他带入行颇伤脑筋。吹鼓手一个班子基本设置是五个人:一个唢呐,两个笙,一个司鼓,一个敲锣打镲,任哪一样都得磨炼个三年五载。可李黑乐盲一个,别说宫商角徵羽,就算一般简谱也不认得。这么大年龄了,求入行就是求个饭碗,从头学起肯定是来不及。

思前想后,双喜想出了主意,让李黑在班子里敲梆子。梆子是一大一小两根木棒,班子演奏时,跟着节奏拿小的去敲另一个大的,发出"梆梆"的声音。原本梆子也是响器班子的配置之一,只不过作用与鼓重复,多数情况下可有可无。遇到非用不可时,鼓手也能就便敲一敲,所以都不会专门配一位敲梆子的。这明显是有心关照,把自己碗里的给李黑分一份,李黑自然无比感激。

双喜师傅自此每天一早开课,悉心调教李黑打梆子的技巧,好在响器班的那一套大家都已耳熟能详,李黑又是个有点灵性的,学得又认真,很快就熟稔了。半个多月后,双喜接了一个郊外村子里的活,李黑按捺不住,一脸猴急样的想跟着去,双喜看他敲得有板有眼,也想让他历练历练,就带上了他。

去的这个地方,东家办的是婚宴。当年结婚程序复杂,虽说那时业已提倡新事新办,但很多老礼简化不了。响器在婚礼头天中午以前要到位,东家事先已经在最敞亮的地方摆好了桌椅板凳,响器到后放上一挂鞭炮,这就开始起鼓奏乐。

吹吹打打无需详记,总之两个字:"热闹"。民间响器班图的也就是个热闹,前面介绍的响器班五件乐器中,笙鼓镲都是传统老玩意,而其中主奏的唢呐却是波斯国传来的舶来品,能为主奏就因为它的声大,嘹亮,能烘托起热闹劲。从上午开始,响器班演奏得四平八稳,诸事顺利。到了晚饭以后,照惯例,响器班子得另有表演,不再像白天那样把演奏当成背景音乐,要唱歌、唱戏,或杂耍,或曲艺,总之出节目让酒足饭饱的围观群众娱乐娱乐、热闹热闹。

这类表演有专门的演员,他们不属于吹鼓手的行当,而是专业演员,有一技在身,游走在各类演出现场。其中不乏业内高手,偶尔出来走个穴,一来挣点钱,二来也能历练历练。他们与各处的响器班都有联系,响器班会根据东家的要求邀请不同的演员临时参演。这次双喜请的是一个外省的女将唱戏,唱的是豫剧《包青天》。

皖北小城与河南省接壤,豫剧在皖北民间很盛行,名家也常来此处献艺。记得马金凤就来过三次,这三次小庙都曾观赏,第一次时还幼小也就六七岁的样子,当时演的有一出好像叫《甩大辫》,故事情节都记不住了,印象最深的是马金凤在台上大辫子一甩,台下雷霆万钧般的喝彩声。十几年后第二次看的是一出《贵妃醉酒》,那时青春年少看不进去,没留下特别印象。又过了许多年,马金凤最后一次来小城,连演了一周,最后一天演的是《穆桂英挂帅》,戏是真热闹,看得眼花缭乱,表演结束后,马金凤穿着戏服率全体演员谢幕,她说:"我老了,演不动了,跟大家道个别……"如今想起她这段话,心里仍有些许惆怅。

马金凤以外,申凤梅在皖北也有盛誉,她是越调宗师,女扮男装演诸葛亮,凭一己之力把起源于南阳梆子的越调推到一个前所未有的高峰,被称为"申派"。虽是幼时从大街上的唱片机里听到过几段,可至今仍能回想起那个稳健婉转的韵味。

申凤梅演的诸葛亮没在现场看过,小庙有幸几次得见反串,都是女版包青天,可能因为女人唱包公反差大,更容易出彩的缘故吧。

双喜这天请的这位,唱得也确实好,几段下来观众喝彩不绝,女演员很兴奋,即兴与观众互动:"大家还想听什么?随便点!"

人家本就是唱包公的,何况最受欢迎的那几段还没唱,就是要留给观众点出来,所以观众也都朝包公的唱段上起哄。有点《包龙图坐监》的,有点《陈驸马休要性急》的,都很热情很踊跃,七嘴八舌闹闹哄哄。就在一派祥和的欢乐气氛中,突然慢悠悠冷飕飕地飘过来一句"想听排球女将"。这句话与现场氛围不协调,很有喜感。哄堂大笑以后,观众像着了魔似的,众口一词要听《排球女将》。

大家口中的《排球女将》是指当时热播的一部日本电视剧的主题歌。这部片子播出时间是 1985 年,当时正处中国女排五连冠的巅峰时期,神州大地各族人民都深受女排精神鼓舞。《排球女将》暗合了当时的社会心理,女一号小鹿纯子青春无敌,再加上励志的剧情,开播伊始就风头无两。这部片子的主题歌节奏明快,悦耳动听,广受欢迎。

歌虽是好歌,不过让唱包公的唱这个,摆明了是为难人家,观众此时想的恐怕是看演员出丑比听戏听歌更可乐。越是演员为难,观众就越是起哄,女包公站在台上非常尴尬。要说"这个我不会,你们点别的吧",那么好了,下面可能点的更刁钻。点一个你说不会,那就专点你不会的,谁让你请大家点呢?

其实女演员逢场作戏,求个饶也无所谓,对她来说毕竟是走穴,第二天就远走高飞了,在这小村子里丢个丑不会对她有什么影响。但双喜却是另一番盘算,响器班是坐地户,在周围十里八村讨生活,演员可以一走了之烟消云散,可出的这个丑就撇给响器班背上了。你让观众点,点了却不会,传出去就是笑话,只怕会坏了响器班的名头。

双喜愁眉苦脸地环视周围,看见班子里老几位也都是一筹莫展面目难看,可拿眼瞟到李黑时,却见他陶陶然地眉开眼笑,歪着头叼着烟,一副不怕热闹的样子。双喜不由得就迁怒于他,如此紧要关头,你小子居然置身事外,真是要气死洒家啊,真想抽他耳刮子撒撒气。

李黑自有李黑的心思,自成年以来,他从没像今天这么舒心过。小木棒敲上一天,轻轻松松地有酒有肉,并且双喜老爷子事先还有话,虽然李黑是学徒,但也算班子的人,等东家封了谢仪多少总有他一份。他原不指望能分钱,有酒喝有热闹凑已经心满意足,但如若真的再分上个三块五块,那就更是锦上添花了。今天心里是真高兴,越想越美,晚饭时候就多喝了那么一点。

响器班在演出间隙吃饭时间不长,东家请你来是演出的,总不能磨磨唧唧吃上两三小时吧。所以虽然好酒好肉地伺候着,但毕竟是工作餐,得快快吃完了继续演出才算敬业。因为吃饭时间短,有酒量又不能喝急酒的就找到一些诀窍,例如有位姓詹的吹鼓手,人家就是自带一个大茶缸子,吃饭时候随便喝点,餐毕"哗哗"朝茶缸里倒上一斤酒,然后一边工作一边喝。

李黑初来乍到不懂这个,生怕喝慢了会拖延时间惹双喜不高兴,因此酒一上来就敞开了喝,半个小时灌下去有一斤多酒,喝得过急,当下就已经醉了,但好在酒后一直坐着,显不出醉态来。

这一番心思双喜哪能体会,双喜眼中此时只看到李黑嘻嘻哈哈的样子,有幸灾乐祸的嫌疑。当下用手一指李黑,话中有话地问他:"《排球女将》你可会?"

如果李黑没喝醉,肯定能从双喜的口气中听出这是奚落加指责的意思。但李黑醉了,真以为老爷子是要他救场呢。俗话说,养兵千日用兵一时,知恩图报啊,用着我的时候到了,当时豪气干云,朗声应道:"我会!"

双喜有点懵，心想这是顶撞我吗，于是又追问一句："你真会？"

李黑态度决绝："我真会！"

双喜看他挺认真，就顺着话说："你会你上！"

没想到李黑一跃而起，大吼一声："得令！"

言毕，雄赳赳朝舞台奔去。双喜大喜。

李黑人很聪明也爱琢磨，遇事有耐心，不怕耽误工夫，当然他闲人一个也有的是工夫。他爱看《排球女将》，喜欢小鹿纯子也喜欢主题歌，自个儿就跟着电视学着唱，片头序幕时他边听边记，把歌词用汉字逐一标明读音，曲不离口地练熟了，也唱得字正腔圆，走没走音不说，旁人听来像模像样。

人唱歌有个通病，唱着学一首歌时歌词一蹴而就，歌学会了词也就记住了。但要在不唱的时候把歌词用平常语速说一遍，得在脑子里唱着才能把词顺出来。反过来也一样，若是先背诵会了歌词再学唱，唱的时候得在脑子里念，否则唱了上句忘下句。李黑的功夫下得足，无论是唱是说都能把歌词念叨得顺溜，一口气咕噜完没有一个语音卡壳。

李黑风风火火地开了唱。人逢喜事精神爽，难得又有现场热闹的场面，李黑放开了畅快嘶吼："欧欧里泥拿拉呆，倒红呆古路，戛纳西米那，咕噜西米那……"

观众看这么个莽撞醉汉，唱得摇头晃脑，跳得手舞足蹈，这比为难人家女包公有意思。大家看得高兴，掌声持续不断，喝彩一波接着一波。

这首歌当年流行时附带有一个招牌动作，是剧中的一个桥段，小鹿纯子的杀手锏"晴空霹雳"，李黑每每唱完这歌的最后一句，就手作扣球装，一跃而起，高喊一声"晴空霹雳"，模仿小鹿纯子的必杀技。今天李黑虽然醉得不轻，但现场氛围实在是好，他心花怒放情绪饱满，平时练熟了的招牌动作，自然信手拈来，习惯性地纵身一跃，普通话掷地有声："晴空霹雳！"

平时这个动作李黑做起来很潇洒，可平时那是没喝酒，今天不仅喝了，而且还喝醉了。跳上去时没问题，但落下却跌了个空。小舞台是用青砖临时垒砌的一个小台子，有半米左右高，人站上去原本就不稳，何况李黑又折腾了一番，凌空一跃再落下来时，台子就跟着垮了。

李黑的演出不圆满，最后这个招牌动作加了个乐极生悲的尾声："哎哟……"脆生生摔断了腿。可惜原本似锦前程,被这一声"哎哟"给毁了。

半年以后伤愈,酒是彻底戒了,可抽烟上了瘾,酒鬼李黑变身成了烟鬼李黑。时常在老街上看见他烟不离手,不是喝着茶乱侃,就是蹲在街头下象棋。还是人来疯的老脾气,但凡有几个观棋的站在身边并且棋又下得顺手,他能嚷嚷得满大街都能听见。若是能将上对方一军,更是得意非凡,拿着棋子悬在半空绕来绕去,伸出去又缩回来不舍得走上这一步。对弈的等急了,作势要掀桌子,他连忙拽住,这才"啪"的一声拍下去,劲大得恨不能把棋子拍烂,然后一副傲视群雄谁与争锋的样子,志得意满地指着棋盘说:"看见了吗?看见了吗?爷们这招是绝活,这叫晴空霹雳!"

第 七 章

善 哉 善 哉

分 寸 把 握

好酒之人应酬多。啥叫应酬呢？如若张三请别人，邀李四陪客，或者别人请李四，李四拉上张三一起去，又或者请不想请之人，再或者赴不愿赴之约，这样的酒局就是应酬之局。

最尴尬的应酬是与圈子不合，小庙曾赴一酒局，一桌八人虽都是旧时相识，但那七位是把兄弟。人家诚意相邀，虽不把咱当外人，可他们凑在一起的时候，第八位就显得多余，明智之举当然是及时告退。每人敬上三杯，荤素段子扔几个，趁着皆大欢喜之际拱手而别，宁可装成忙人，也不做讨厌之人。

应酬之局不做讨厌之人何其难也，原本此等酒局就规矩大禁忌多，况且有时或官场迎奉或商界沟谈，醉翁之意不在酒，喝起来就更是乏味。万一看不住盅喝多了几杯，看到虚情假意的推心置腹，忍不住就会飘出几句不合时宜之言，一派轻薄浮浪之态，自然令人生厌。

爱酒之人不喜应酬之局，可身在市井，想避俗又谈何容易！既绕不开红尘万丈，那只能尽量适应。每到此时就想，如能修炼到在应酬之中也能自得其乐，喝得随性超脱，当能称之为酒徒上品。小庙性本愚钝，离这境界还差得远，但天外有天人外有人，这样高明的酒徒其实并不鲜见。

高明的酒徒赴局不讲排场，客随主便，主人吝啬也罢铺张也罢，绝不评头论足。龙肝凤髓抑或白菜豆腐，都吃得津津有味，只论口味咸淡不评食材高低；酒好酒坏随遇而安，好不好喝讳莫如深；斗酒不打酒官司，输赢不在心，屈饮几杯不介怀；说说笑笑，不出粗鄙恶俗之言；兴致不衰，不露倦怠骄躁之态；对主人敬重，酒局上不争口舌；对客人热情，酬酢之间礼貌周全……如此高明的酒徒，应酬怎能不多呢？

如是酒徒做东，邀客时即见精心。如请张三做客，是否邀李四相陪，定是胸有成竹二人往日无隙；主客陪客得当有序，断不会主次不分；大饭店富丽堂皇，小酒馆自然温馨，总能适宜而设，不觉突兀；菜肴既不清寡也不靡费，吃不完但剩不多；备酒既不高贵也不轻贱，很亲民但也很香醇；兴致盎然，愉悦之态溢于言表；言谈诚恳，无一句不情真意切……如此高明的主人，来客又怎能不醉呢？

若宾主皆为酒中高士，虽处应酬之局，但三杯过后必然一见如故，惺惺相惜相见恨晚。可惜如此机缘巧凑，却极是难得。如若有缘，得遇几位情投意合的酒友，从此君子之交偶尔小聚，生活就变得有趣极了。所谓"相见亦无事，别后常忆君"，酒友如是，方担得起一个"友"字，才对得起一个"酒"字。

从座次谈起

中国人细腻,酒宴上讲究多规矩大甚是繁杂,单说座次就很是费脑伤神。"夫天地至神,而有尊卑先后之序,而况人道乎!"人伦之序:忠、孝、悌、忍、善。叙起长幼尊卑,宾朋之间礼让起来没完没了,当然主次分明确实于氛围有益,但有时受形势所迫,座次不以身份排序,那就平添不少尴尬。例如陪客中有位显或德高之人,客人虽落主座也觉不安,好比主座白领一枚,顶头上司在次座相陪,哪还能坐得安稳?再比如小伙子刚坐下,寒暄一番认出来陪客的是本家长辈,这坐着也是忐忑。

这样的尴尬酒局不是没有,巧之又巧的事时有发生。曾有酒友小登科,三日之后去女方家行回门之礼。新婚上门自然被照料得礼貌周到,宴会上专有一席款待。哥们当仁不让坐在主座上,逐一环顾女方家的陪客时,惊见失散多年的干老子赫然在列,原来从女方家论起这位是近亲平辈,虽疏于走动,但宴席上依着亲疏关系被临时拉来陪新婚也是理所当然,当下颇为尴尬。

可不管你社会关系怎么叙,如今成了亲戚就得按亲戚论,老家伙很随和,拍着干儿子的肩膀说:"咱们各亲各叙,今天你是我兄弟!"话虽如此,但苦了我这好哥们,按老理遇到这种局面主客得侧着身子,虽坐但身不得靠背,手不能扶桌,越显得拘谨越透着知礼,那真叫一个累!哥们后来与诸友说起,虽是平生第一次坐主座,却扫兴至极。而我等听后却极为开心,此后每逢欢宴时常提及助兴,有时与这位兄台碰上一杯,总不忘拍着肩膀说一句:"今天你是我兄弟!"

长幼尊卑不可乱,偶有差错就成笑谈,咱们中国人这些讲究也甚是有理。可礼让来礼让去,只是解决了谁该坐到主座的位子上,但哪个位子是主座呢?

如今酒店餐馆多是圆桌子,大家已经习惯对着房间门的是上座。如果是在大厅里,离门最远的是主桌,主桌上面对门的仍然是上座。好像主座的依据就是门,不管门朝哪个方向开,只要对着门的就算是上座。这是如今社会的习惯。

可深究起来,在咱们传统习惯中,上座的依据不是门,而是方位。按照传统习惯,如果是八仙桌的话,北面一侧的东首是上座。古人崇尚南尊北卑,正坐面南背北,左为东右为西,以东为首以西为次,所以东首为上。

为什么以左为东,要想说得明白,不妨以地图为例。

现代地图的看图方式是上北下南,把地图摊在面前看时,北方在正对面。而古代中国地图多数是上南下北。一张古代地图摊开在面前,正对面的是南方。

看地图的方式不同,那么对方位的理解也就不同。当看现代地图时,因为对面是北方,所以左面是西,右面是东。而传统地图,因对面是南方,所以左面是东,右面是西。

古人怎么看图怎么理解方位,如今看来可能只是小事,因为它在现代生活中已经没有实用价值。但若不了解这些不同,不仅是宴会上找不到上座在哪那么简单,还会在很多与传统文化交集时懵懵懂懂,找不着北。

例如,大家知道姜夔有首《扬州慢·淮左名都》:"淮左名都,竹西佳处,解鞍少年驻初程……"这里的"淮左"是指扬州,但为什么是扬州却少有提及。

宋代设淮南东路,"路"是当时的行政区域,淮南东路治所在扬州,淮南东路也被称为"扬州路"。辛弃疾《永遇乐·京口北固亭怀古》中提到"烽火扬州路",指的就是淮南东路的整个区域。但纵观当时淮南东路,最西边是皖北小城,最东边是扬州,若是按照如今习惯,怎么看,扬州都应该是在右边。

古代地图左为东,因此把位置在东边的扬州称为"淮左"。古人以左为东,同时又以东为上,所以有时候"上"字也代指左、代指东。唐代诗人郑谷《淮上与友人别》:"扬子江头杨柳春,杨花愁杀渡江人。数声风笛离亭晚,君向潇湘我向秦。"这里的"淮上"二字也是指扬州。

扬州地理位置特殊,自隋唐始天下闻名,假如给唐诗宋词做个统计,古人文章里出现最多的地名,扬州估计会在前三以内,咏颂的人多了往往就有特称,淮上、淮左这些称呼,曾几何时就几乎被默认为扬州的专名。

扬州之所以如此闻名,是因为运河与长江在此交汇。长江与运河的历史作用无需赘言了,世人皆知。扬州位于交汇之地,南北东西的货船商船皆要由此路过，自然极其重要。但仅仅是路过此处还不足以促其发挥水运枢纽的作用。从唐代宗广德元年（公元763年）开始，朝廷对漕运制度进行了改革，用分段运输代替直运。自那时候起，不管是人还是货物，都要在扬州换船，扬州就成为天下第一繁华所在。腰缠十万贯，骑鹤下扬州，世人莫不心驰神往。

在此之前，水运皆为直达，南方来的船直接入运河驶往北方，而北方来的船也从这里直接入长江去南方。可是长江与运河的水情不同，江船难以适应运河，河船也难渡长江，因此问题很多。那时江船从扬州入运河到洛口，历时长达九个月，时有事故发生。唐代宗规定：江船不入汴（运河），江船之运积扬州；汴船不入河，汴船之运积河阴；河船不入渭，河船之运积渭口；渭船之运入太仓。

用白话大致解释一下，就是说：长江来的船不入运河，行人货物要在扬州转到可在运河航行的船上；而运河的船不入黄河，行人货物要转运到可在黄河航行的船上；黄河上的船不入渭河，也要转运。这些管理措施表面看来换来换去挺麻烦，但效率大大提高，自扬州至长安由九个月提速至只需四十天。

这次改革把扬州从沿途城市直接提升为交通枢纽，再精确一点，这个枢纽就是瓜洲渡。只要略读过唐诗宋词，这个地名没有谁会不熟悉。"京口瓜洲一水间，钟山只隔数重山。""汴水流，泗水流，流到瓜洲古渡头。吴山点点愁。""潮落夜江斜月里，两三星火是瓜洲。"不胜枚举，不可胜数。

瓜洲渡是长旅中的必经一站，行到此处算作节点，因此瓜洲渡在诗词歌赋里，最适合为离愁别绪提供一个地理背景，像郑谷"数声风笛离亭晚，君向潇湘我向秦"的句子，其间就充满对离别的伤怀。古人于这类伤别的文章最拿手，佳句层出不穷，什么"劝君更尽一杯酒，西出阳关无故人"，什么"但愿人长久，千里共婵娟"，等等，可谓汗牛充栋。如果要在这类诗词里挑一首绝的，选出个第一名来，思来想去，唯有陈陶"可怜无定河边骨，犹是春闺梦里人"之句。

无定河是黄河的支流，发源于陕西定边县，上游叫红柳河，流经靖边县后称为无定河。唐朝数千将士在此与匈奴交战。诗人上句实写无定河边尸骨累累，下句虚写春闺梦里依然如生，虚实相生用意精妙。家乡的爱人不知壮士已经战死，春闺梦里依然缠绵情浓，进一步延伸出战骨回乡之后、春闺梦醒时的悲切。

生离犹可重逢，死别后会无期。生离死别何止于人，天地山河概莫能外。

瓜洲渡最初仅为江中暗沙，汉朝以后随江潮涨落时隐时现，晋朝露出水面，至唐代中期与北岸相连，其间三条水道，形状如"瓜"，因此而得名。但由于南涨北坍一直在持续，长江逐渐向北漂移，自康熙年间瓜洲渡开始坍江，到光绪二十一年（公元1895年）时已全部没于江中。

瓜洲渡自隋唐至晚清，其间一千多年，适逢传统文化的璀璨时期，历尽繁华却终归虚无，仿佛在隐喻这世间所有的相逢，都是为了别离。

大道王重阳

小城聚饮，酒令不可或缺，最广泛的是划拳猜枚。犹记当时年少，三五好友佐卤兔一只，喝得兴起时光着膀子划拳，三小盅酒斟满了一字排开，五魁首六六六，扯着嗓子喊上小半个钟头，没分出谁该喝一个谁该喝俩。此中之乐莫说身临其境，就算从巷子里路过，听见墙那边吆喝阵阵，也是心领神会笑逐颜开。

划拳猜枚据说可以追溯到汉代的手势令，但有证可查是出现在唐代。划拳在古时酒令中最为通俗，不管是达官显贵还是贩夫走卒，都能热闹热闹。划拳自汉唐至今长盛不衰，堪为酒令之最，想来是因其通俗易懂之故。

古人酒令复杂，尤其文化人聚到一块，之乎者也的酒令今人难解其味。袁宏道《觞政》中讲，酒徒的十二个标准中有一项为"分题能赋者"，意思是见到题目就能吟诗作赋，今人恐怕难为矣。若以此为标准，对照当下的爱酒之人，恐很少有够得上酒徒二字的！

诗词歌赋之外，再通俗点的酒令就是对联了，对联是古时文人的必修课，讲究字数相等、词性相对、平仄相拗、句法相同，算是传统文学中最亲民的一项，一方出个上联，一方对个下联，对得好对不好左右都是一杯酒。

唐代上联"烟锁池塘柳"难倒了天下读书人，被称为千古绝对。这个上联难在五个字各有一个与五行相合的偏旁部首，分别是"火金水土木"，因此下联也得有包涵五行的偏旁部首才行。并且对应的五行能全部相克，或是全部相生者为上。

清代纪晓岚对过一个"炮镇海城楼"，当时看来已是难能可贵，不过以"火金水土木"对"火金水土木"总是牵强，并且意境也差得远。

近代忽有一联传出，据说是北宋时期王重阳所对，联曰"桃燃锦江堤"，用"木火金水土"对上联的"火金水土木"，虽不完美，但依然最佳，此联一出，可谓前无古人后无来者，汉字游戏到此穷尽。

说到王重阳，自然就得扯一扯道教。今人一论道教就容易与道家画上等号，其实不然。莫说道教，连道家二字老庄也从未自称，直到汉代《论六家要旨》中才提出道家的概念。其实道家只是最初为道教提供了一个文化背景而已。

东汉张天师张道陵，首创道教。因为当时入教者要缴纳五斗米，所以最初也叫"五斗米道"，后世称之为"正一派"。

自张天师开创道教以后，至唐代迎来巅峰时期，因为当时皇家姓李，认太上老君老子李耳为祖先，所以推崇道教，会昌灭佛的故事也由此起因。自东汉至唐宋，千年以降正一派方兴未艾，直到王重阳横空出世。

王重阳文韬武略殊胜常人，评一句文武双全当之无愧。据传王重阳原本家境富庶，又以武状元身份入仕为官，本该有一个优裕的俗世人生，可四十八岁近知天命之年，抛家弃业入山修道，毅然决然，追求理想而去。

他在终南山"活死人墓"隐居三年，综合了儒释道三教的精华，提炼为新的教义，称之为三教合一，所创新教名曰"全真"。随后下山传道，收下了"全真七子"为徒，从此全真派和正一派并行于世，传承有序。不过民国时期的那一任张天师去了台湾，所以如今大陆道教，多为全真派的弟子。

王重阳的事迹，堪称英雄造时势。仅看其四十八岁弃家修道这一点，就足以令人肃然起敬。《礼记·曲礼》云：五十曰艾。意思是人到五十即入老年。孔子亦有言：五十而知天命。意思是到了这个年龄就没有什么可发展的了，一生成就如何，谜底已经揭晓。未来的道路一眼就能望到头，不再有什么悬念。

在古代社会，这个年纪确实也难再有悬念，那时候普遍早婚，人的寿命普遍也短，到了五十岁绝对已是爷爷级别了，该安排晚年生活了。这个岁数如不安生过日子，还谈理想谈追求的话，定然招致耻笑，所以当年王重阳还有个绰号叫"王害风"，嘲笑他是个疯子精神病。

理想这个东西，谈起来头头是道，行动上却都不了了之。在实用主义者看来，追求理想的风险成本过大。追求之前，没有谁能给一个必然成功的保证，事实上能成功实现的也确实凤毛麟角。

当年河南长葛有位刘先生，四十三岁时开始追求理想，从那时起直到六十多岁,不管经济上多窘迫,一直在追求理想的道路上行走。徒步走完万里长城,只身闯荡罗布泊,上过昆仑山,爬过珠穆朗玛峰。如今已是七十多岁的老人,这时候回顾一下他的成就,其实离他最初的理想还差得很远,很多的心愿今生再无实现的可能。成就虽然有,可遗憾也不少,假如开始就预见到这样的结果,我相信他仍会踏上旅程。

王重阳式的理想很崇高,胸怀天下普济苍生;刘先生式的理想很远大,神州走遍四海为家。但这样的英雄不是谁都能当的,你我皆凡人,崇高远大的理想往往止于空谈。可放弃理想后的生活,却又无趣得很。最好的状态是理想与现实并存,这或许会很难,除非理想可以很微小。

假如理想真的可以很微小,那么我的理想是酿一杯香醇的酒,在人生这条长长的路上,我陪着她或者她陪着我,向着地平线,停停走走,等老之将至,坐在夕阳下,看云卷云舒的时候,可以很欣慰地庆幸,曾有那么一杯酒,让我付出过所有的诚恳。

谁与我同醉之夫妻共杯

　　喝酒，最随意的喝法除了独酌，就是夫妻对饮。除此之外，亲朋聚会也好，社会交际应酬也好，总有劝酒、闹酒。闹酒求的是个氛围，借酒助兴，非得把某个人灌醉，在开喝之前可能并不确定要灌醉哪一个，但喝着喝着谁想喝醉就看出来了，那这个人就必醉无疑。

　　青春年少时候，爱闹酒常醉酒，喝的是酣畅、是痛快；人到中年，酒是生活的润滑剂，是个精神寄托。尤其多数如我者，没啥爱好，工作压力大，喝点酒，舒缓一下身心，以图片刻欢娱。

　　最羡慕的是那些退了休的老两口，孩子成家在外，衣食丰足，身体健康，无欲无求。一辈子不管如意与否，到如今心如止水，每天饭前喝点小酒，饭后小眯一会，该养鸟的养鸟，该跳广场舞的跳广场舞，最是惬意。

　　想来人这一生，年少时候和初入老年是最快乐的时光。少年时不懂珍惜，总觉得日子长着呢。我总结自己的青春为啥感觉这么短呢，细细想来，因为年轻时候爱睡懒觉，每天过的都是下午，觉得日子过得可快了。或许老年时候方能觉悟岁月匆匆，能用心享受每一分钟，享受生活的每一个片段，感受逐渐到来的苍老。

　　两口子喝酒，不劝酒也不闹酒。饭菜端上来，一瓶酒饭桌上一放，谁喝谁倒，不碰杯不请菜，视酒无睹，一餐无话。这个时候的酒回归酒的本质，只是个佐餐的饮料，不来上两口，哪怕山珍海味，也觉得口中寡淡。尤其哪天开饭晚了，一坐下，心中期待的不光是饭菜，更迫不及待的是狼吞虎咽前的那一口。一杯下了肚，定一定神，心中升腾起惬意和满足。

　　酒，让咱普通人在生活的挣扎中，有那么顷刻怡然自得。

谁与我同醉之父子同饮

安全系数最高的饮酒，要数父子对饮。不仅谁也不劝谁喝，反而都不想让对方喝多，父翻子盅、子夺父瓶的情况也有发生，当然例外也有，爷俩喝酒猜拳喊出哥俩好的听说过没见过，爷俩喝酒能喝醉的我却有幸得见一回。

老家街口有个小餐馆，老两口经营，三十多岁的儿子隔三差五来看看。一天我在小店里吃饭，看见他们饭菜上桌，老爷子端起碗正要吃，儿子来了一句："喝点吧。"老爷子"哦"了一声，放下碗，转身抄出一瓶酒。儿子拿过两个酒杯，倒满了，爷俩就喝了起来。也不见两人说什么话，就是喝一口吃点菜，定定神再一口。倒是儿子一边喝着一边和掌火的母亲聊着天，喝了差不多半斤多吧，儿子站起身拿起酒瓶还要倒，老爷子说"管了"。这个"管了"的含义就是够了，可以了，不喝了。儿子立马定住，把酒瓶放回原处。

老爷子这时已经又开始端起饭碗吃饭，儿子坐在对面像是自言自语又像是请示似的说："我再喝瓶啤酒吧！"老爷子无话，儿子就沉默了。过了两三分钟吧，老母亲过来了，拿着一瓶啤酒递给儿子，说："想喝就喝呗。"老爷子还是不说话，慢慢吃着自己的饭，儿子倒是兴高采烈了起来，啤酒倒上，喝得啧啧有声，而且这时候话明显地就多了。有趣的是，这时候的话都是对老爷子说的，好像要麻痹对方好偷偷喝完这瓶酒一样。话说得多了，老爷子也来了兴致："再给我倒杯白的。"接下来这酒喝得在外人看来就另有一番面貌。

直到老母亲走过来，夺掉儿子不知第几瓶的啤酒，收走老爷子快见底的酒杯。这时候老爷子喝得笑容可掬，抄着手，端坐着呵呵地笑，也不知道笑什么。儿子站起来在小店里走来走去，漫无目的似的转圈。老母亲收拾着小店里的卫生，嘴里唠叨着："恁爷俩也能喝醉！"殊不知这番小醉也是她的纵容。一会老母亲有点不耐烦，简直是怒喝一声："恁俩都滚！"这爷俩像是得了令了，老爷子从凳子上蹦起来就朝门外走，儿子快步走到里间弓着腰摸出毛巾、肥皂，转身出去追上老爷子，爷俩洗澡去也。

小城故事之君子坦荡荡

有一哥们姓李,人送雅号"李砰",这个"砰"字描述的是啤酒开瓶的那一声,意思是有他在场,你会不停地听到啤酒被一瓶接一瓶"呼呼"打开的声音。

这位李先生爱请客,但凡他做东,白酒先上来管够,这期间李先生笑而不语,不主动,尽大家随意喝,很是文明。到客人感觉差不多了,要停杯,他就很热切地提议,喝点啤酒吧。初次见面的,一般以为上几瓶啤酒就是尾声了,这场酒宴即将结束。而老朋友们却都知道,只有李先生说出这一句,酒宴才算开始。

李先生这边刚把话说出去,接下来便已经离了席,帮服务生把早已准备好的啤酒统统拖到桌子旁边。然后一瓶一瓶地把啤酒摆在桌子上,打开了,每人面前放上一瓶。

李先生前面半场是那种低调的随和,笑容可掬,不主动攀谈。到了啤酒上了桌,他就明显有点兴奋,谈话就主动了,而且妙语连珠,把气氛提高不少。不仅指挥别人喝,自己也是杯莫停。喝个几圈以后,有人请辞,李先生是决不答应的,不管怎样都得纠缠着你继续喝,而且人家不是只让客人喝,端起杯来敬你酒,你还没找着他的话缝呢,他已经"咕咚咕咚"喝下去了。

直到有人恼了,或者也真喝不下去了,李先生才会很失望地宣布:"酒不喝了。"稍后服务生上主食,他殷勤地给大家添饭盛汤,着实让人感动。客人此时未免要寒暄几句,可你这边刚刚搭上话,李先生立即提议和你单独再喝一瓶。

慢慢地都知道他这脾气,吃饭时不理他。而就在你低头喝点粥或吃块水果时,只听"砰砰"几声,李先生的啤酒又打开了。

都说他跟啤酒有血海深仇似的。

我第一次到他办公室,看到他笔筒里的笔没有一个有笔帽,他的水杯也是敞着口,他的抽屉也是开着。我就问他,你小时候是不是特爱翻箱倒柜呀。

李先生说，别说在自己家里，哪怕是去别人家，看见人家有抽屉就情不自禁想打开，倒不是稀罕人家什么好东西，就是看见有东西被关着，自己就觉得闷，喘不过气似的。

由此我们聊到了他雅号中的这个"砰"字，共识是他不是与酒有仇，爱喝啤酒只是起因，而喝起来不停，其实是他见不得有盖着盖的东西。只要有啤酒在，哪怕喝不完也得全打开，用他的话说，回到家想起有一瓶啤酒没启开，还捂着呢，这一晚气就不顺，把窗户都打开也仍然觉得闷。

由此而延伸，也解决了不少李先生身上的疑问。这位李先生一直是个没有秘密的人，不管是自己的秘密还是别人的秘密，他从不能隔夜，只要肚子里装点东西，就得见人给倒出来，藏不住话。

朋友圈里有个笑话是，如果你想把一件事告诉所有人，无需逐个通知，只要告诉李砰，同时再嘱咐一句"千万别给别人说"，有了这句嘱咐就齐活了，接下来消息传得比风都快。

"若想人不知，除非己莫为。"李先生真应了这句古训。有这么个脾气在身上，哪还敢轻易做坏事呢？他在很多时候反复与自己做斗争："我可是嘴上不把风的人，我这事干了就得给别人说，别人咋看我？"因为瞻前顾后，一次次错过成为一个有秘密的人。

我不是医生，但我觉得他这可能就是强迫症的一种。这是不是病我不知道，有多严重我也不关心。总之我与这位李先生从此相交莫逆，敬他心里没有盖着盖子的东西。

想来人的一生，能像李先生这样坦坦荡荡，该有多快乐。

小城故事之罪过罪过

　　书法虽好，小庙却不得其门，耿耿于怀多年。帖（此处应读去声）没少买，就是看不懂，《快雪时晴贴》《中秋帖》《伯远帖》《自叙帖》、《上阳台贴》等等，这些帖字的造型挺顺溜，拿在手上也能端详端详。可万一不小心翻到苏东坡《江上贴》《寒食帖》，立即就郁闷了，字写得歪歪扭扭，到底好在哪儿呢？着急又痛苦！

　　小城有位梁先生，嗜酒爱书法。一次逛小城黉学，遇见梁先生遛腿，聊起来照壁上"宫墙万仞"四个字。但凡有孔庙，正门前都有这一面照壁，上书"宫墙万仞"，直到当地出了状元，才能把这堵墙打掉，让状元从正门进去礼拜至圣先师。看一个地方的孔庙有没有这面墙，就知道当地有没有出过状元。

　　皖北小城没出过状元，所以这"宫墙万仞"至今屹立不倒。梁先生指着照壁侃侃而谈，由典故聊到书法，进而聊到写，聊到练，聊到观。前面的大半部分我没听进去，对后面这个"观"却留了意，原来欣赏书法是有窍门的。按照梁先生教诲，观帖要"视线移动"，以眼作笔，随着帖里的字一笔一笔地走，想象作者正在写，你在身后观。

　　是日晚，粉墙上挂起《神龙本》，三杯酒后，细细观之。以眼作笔，心随笔动，两遍下来，醉眼惺忪，呼呼睡去，第一次赏贴完败。性本愚钝啊，奈何！

　　赏帖虽失败，但治了我的失眠症，早睡早起，神清气朗。自此每晚以贴下酒，观上几遍，酣然入睡，妙不可言。如此月余以后，《神龙本》已了然于胸，闭上眼也能走上几遍，渐渐感觉出那个味道来，每到妙处喜不自胜，不觉又是几杯下肚，甚至也有想写上几笔的冲动，然而失眠症从此却更严重了，叹书法耐药性不强。

　　这个观帖之法酒友也可小试，遇到喜欢的帖，读得熟了，有趣得很。如在秋日午后，几杯老酒下肚，或河边或草地仰躺，看晴空万里，以心为笔，蓝天白云上挥毫泼墨，甚为愉悦。最妙的是，别人只见你醉眼观天笑逐颜开，哪曾想咱平头百姓居然正在装文化人呢。

不过有些帖却不适合酒后细读，如颜真卿《祭侄文稿》满纸悲愤，真正让人摧肝裂胆。天下第二行书，绝非浪得虚名。如果心里有点不快，或是受了点委屈，读此帖入了味，霎时间义愤填膺，忍不住就要拍案而起；也或者读得心死神伤万念俱灰，止不住涕泪滂沱痛不欲生。总之酒徒慎入，切记切记。

梁先生的教诲，小庙受益匪浅。往往醉后百无聊赖，随手挂个帖，就是半日悠闲，或一枕好梦。虽受教于梁先生，可梁先生本人醉后却不观帖，他有自己的乐子。与梁先生喝酒，他总要找个话茬把得意的手段勾出来，婉转迂回地提醒你请他一展雄姿，若是你不搭腔，逼急了，他自己跳出来强加于人："我给你耍套醉八仙。"这句多是盛宴结语，但得此句出，"端杯手""踉跄步"摇摇摆摆已然走起。

醉八仙即醉拳，梁先生少年时得遇高人，学得此拳，算是生平最得意的一件事，往往醉后喜欢显摆，乐此不疲。醉八仙招式多是跌扑滚翻，与地躺拳很相近。只见梁先生或蹲或躺，翻来覆去，间或小憩做一番详解，生怕观者看不出妙处，一套拳总要半个钟点才能偃旗息鼓，拳打得好坏且放一边，可惜腌臜了一身干净衣裳。如是酒喝得刚好，练完出身汗，再去澡堂子泡上一个下午，顺带洗洗衣裳，这一天算是酣畅了。但偶尔贪杯过了量，打起拳来形醉意也醉，摸爬滚打看上去就像翻滚挣扎，间或呕声连连，才施几招就势睡去也是常有之态。

有行家看梁先生醉拳，点评说是花架子，意思是中看不中用。传统武术，都有各自的打法，例如这醉八仙，不管怎么练套路，练得再娴熟，只要不学打法，与人争斗也是挨打的份大。传统击技博大精神，小庙不再妄谈。

有部电影叫《精武英雄》，其中有段对话，大概意思是：陈真认为最高境界就是最快地击倒对手，而船越文夫却说最高境界是提高自身的潜能到极致。听起来船越文夫很高明，简洁阐明了体育武术的精神，并有拔高到哲学的意思，而事实上陈真却更真实，那才是传统武术的精髓。梁先生操练醉八仙，口中讲解的都是这一脚要踢在下阴，那一拳要打在咽喉，招招都是以命相搏，若是上升到武德之类的高度，练他这个醉八仙真是罪过啊罪过。

小城故事之善哉善哉

"春草暮兮秋风惊,秋风罢兮春草生。绮罗毕兮池馆尽,琴瑟灭兮丘垄平。"时代发展了一切,也湮没了一切。历史可以随意打扮,文化可以任意阉割,传统的那点东西,从里到外都换了模样。不费劲翻翻故纸堆,很难再看到本来面目。

本来面目其实并不难找,但找回来的本来面目却未必好看。就像你倒杯原酒给酒徒,他不一定喜欢,他觉得不好喝,因为与个体经验迥异,夜路走惯了,忽然来到大白天,反而两眼漆黑。其实就让他在夜路上一直走下去,也是快乐的一生,非得把事搞明白,也不见得就愉快了。

有位酒友金先生学佛,每喝到微醉他就离了席,不远处找把椅子款款而坐,双目微闭,喃喃自语念起经来。人家并不是心血来潮装高人,多少年都是如此,大家也都见怪不怪。可一次酒宴很不巧,碰到个爱较真的柳先生。

这位柳先生有那么一点点文化底子,往往醉后好为人师,看见金先生离席念起经来,他走了过去听了听。约莫两三分钟,柳先生一拍金先生的肩膀,大声说:"你念错了。"不仅是金先生,同桌酒友都惊住了:这念了多少年的经怎么可能念错呢? 不服,莫说金先生,连旁观者都不服。

柳先生也不是哗众取宠,娓娓道来,仔细解说了一番。这金先生反复念叨的是《心经》里的咒语"揭谛揭谛,波罗揭谛……",总计十四个字。柳先生不仅纠正金先生的读音,还说明了出处。原来这《心经》传入时正是盛唐时期,梵文咒语用了当时的官方语言音译记录,而当时官方语言却不是如今的普通话。当时的语言是什么样子呢,与如今江浙一带的地方话接近。例如"揭"这个字,与"该"是同音字,所以在咒语中"揭"要读如"该"。柳先生侃侃而谈。且不管谈的到底对不对,只看那柳先生酒后好为人师,却忘了金先生在一旁颇有尴尬。

金先生只是个生意人,逢山拜佛遇庙烧香,但求福星高照财源滚滚。虽是学佛却没有师承,知其然不知其所以然,没人指点自然学得不精,当然他也从没找人请教过。

可就算如此又能如何呢?只是把经念歪了而已,算不得什么大罪过。柳先生不厚道,逞一时之勇,揭了人家的短处。柳先生,何必太较真呢?!

人生识字忧患始,难得糊涂最高明。

多么痛的领悟! 善哉善哉!

后　记
人生如逆旅,我亦是行人

　　年少时,酒喝得随性。饮只求痛快,醉亦无烦忧。有时夜半酒醒移步庭除,看满天星斗映照,神清气朗,间或竟有呼吸宇宙、吐纳风云之感。

　　道家说:致虚极,守静笃。小庙愚钝,难以领会更深的寓意,肤浅以为"守静笃"是指人在生活中,要守住自我的那份安宁。不被物质生活所蒙蔽,也不被金钱权势所奴役。放下执着心,每天能闲适地喝一杯酒,安然睡到自然醒。

　　人生在世,如身处荆棘林中,心不动则人不妄动,不动则不伤。淡泊从容,一旦错过了,多少代价能换得回来呢?!

　　曾有一次,在长沙火车站候车,遇见一打工还乡的中年男子,光着脚蹲坐在椅子上,面前一瓶勾兑酒、一瓶可乐。这位兄台酒喝得飘逸,每抿一口酒后,嘴闭得严严的,面无表情,眼神空洞,随即凑上一口可乐,然后嘴张得老大,蹙眉瞪眼,可谓面目狰狞。

　　我凑上去和他聊了几句,递给他一小壶出门常带的酒,他也不客气,拿起来就喝,仍是时而面无表情时而面目狰狞。我问他我这酒喝着咋样,他说"我喝啥都是一个味"。

　　我酒量小,喝得慢,但他比我喝得还慢。他就着可乐下酒,我也找出一块小蛋糕来,就这样,候车室里人潮人海,我和他我行我素,漫谈着闲话,喝着都是一个味的酒。那一刻真的有点恍惚,似醉非醉,似梦非梦。

　　人生如逆旅,我亦是行人。

　　夫天地者,万物之逆旅也;光阴者,百代之过客也。而浮生若梦,为欢几何? 红尘如许,感慨难陈;与酒为友,足慰平生。小庙只是爱酒人,当初于论坛开贴,也意在以酒会友。承蒙酒友抬爱,不弃草昧,小庙诚惶诚恐。每日与酒友攀谈,倍觉欢欣。红尘得一隅,小庙幸甚。

　　后值春酒酿出,为一展传统白酒之原貌,小庙将其分装入瓶,名其曰"常相遇酒",分寄众酒友,相约甲午春分之日同饮。

　　春分如约,微信群里各地酒友纷纷响应,五湖四海举杯共饮,陶然纵情至今难忘。犹记大醉之余,感念传统白酒一息尚存,草率填词,今录在此,以为永记:

　　入秋制酒,至春分,经冬尽除苦涩。玉液琼浆三百杯,与我南北诸友。素昧平生,相逢陌路,均为天下同好。持酒长歌,唏嘘引为知己。

　　幽思古往今来,苦乐悲喜,爱恨皆有酒。十万里外共一醉,孰问于今何曾。权且贪杯,莫负此会,壶中暂寻欢。醉梦依稀,不觉人间风尘。